TEGAOYA XIANLU GONGCHENG ANQUAN
DIANXING WENTI JI FANGZHI CUOSHI

特高压线路工程安全
典型问题及防治措施

国家电网有限公司特高压建设分公司　编

中国电力出版社
CHINA ELECTRIC POWER PRESS

内 容 提 要

为积极应对新一轮特高压工程大规模建设形势，全面总结传承特高压线路工程安全管理经验，推动特高压工程高质量建设，国家电网有限公司特高压建设分公司组织编写了《特高压线路工程安全典型问题及防治措施》。

本书通过对以往特高压线路工程各类安全检查活动中发现的问题进行梳理总结，形成通用部分、基础工程、组塔工程和架线工程等 4 章、20 方面、100 项典型问题和防治措施，能够有效指导后续特高压线路工程开展安全隐患排查治理、反违章及事故预防等工作。

本书可供从事特高压线路工程建设管理的业主、监理、施工等单位安全专业人员学习、培训使用，也可供其他电压等级输变电工程的管理人员参考。

图书在版编目（CIP）数据

特高压线路工程安全典型问题及防治措施 / 国家电
网有限公司特高压建设分公司编. -- 北京：中国电力出
版社，2024. 12. -- ISBN 978-7-5198-9356-9

Ⅰ. TM726

中国国家版本馆 CIP 数据核字第 2024AX4916 号

出版发行：中国电力出版社
地　　址：北京市东城区北京站西街 19 号（邮政编码 100005）
网　　址：http://www.cepp.sgcc.com.cn
责任编辑：雍志娟
责任校对：黄　蓓　马　宁
装帧设计：郝晓燕
责任印制：石　雷

印　　刷：三河市航远印刷有限公司
版　　次：2024 年 12 月第一版
印　　次：2024 年 12 月北京第一次印刷
开　　本：710 毫米×1000 毫米　16 开本
印　　张：14.75
字　　数：265 千字
印　　数：0001—1000 册
定　　价：100.00 元

《特高压线路工程安全典型问题及防治措施》
编写委员会

主　任	蔡敬东　种芝艺
副主任	孙敬国　张永楠　毛继兵　刘　皓　程更生　张亚鹏
	邹军峰　吴至复
成　员	谭启斌　刘志明　徐志军　白光亚　刘洪涛　张　昉
	肖　健　倪向萍　肖　峰　李　波　张　诚　张　智
	王茂忠　徐国庆　侯　镭　张　宁　孙中明　姚　斌
	李　斌

编写工作组

组　长	孙敬国
副组长	肖　峰　赵江涛
成　员	苗峰显　刘建楠　李　全　夏志敏　李　彪　吴昊亭
	孙英哲　吕　铎　何宣虎　冯金仓　王兰贞　张晓阳
	方思雄　周振国　张福康　俞　磊　管　君　叶瑞丽
	梁　言　邹生强　王凯强　王新元　李　峰　潘宏承
	闫方贞　朱　聪　王俊峰　寻　凯　程述一　魏相宇
	唐明利　张起福　商　彬　陆泓昶　孔　毅　宗海迥
	陈华治　高天雷　李　松　柴松波　张　齐　马　雨

前言

PREFACE

从 2006 年 8 月我国首条特高压工程开工建设至今，国家电网有限公司已累计建成特高压交直流工程 37 项，中国特高压实现了从"中国制造"到"中国创造"再到"中国引领"的跨越式发展，为促进我国能源资源大范围优化配置、推动新能源大规模高效开发利用发挥了重要作用。

高质量发展是全面建设社会主义现代化国家的首要任务。为积极应对新一轮特高压工程大规模建设形势，全面总结传承特高压线路工程安全管理经验，推动特高压工程高质量建设，国家电网有限公司特高压建设分公司组织编写了《特高压线路工程安全典型问题及防治措施》一书。

本书编写工作立足于以往特高压线路工程安全管理评价（协同监督检查）、标准化开（复）工核查以及各类安全专项检查、督查活动，通过对检查过程中发现的问题进行梳理总结，形成特高压线路工程安全典型问题清单，给出问题照片和正确示例，明确违反的规定条款并提出针对性防治措施。

本书依据国家现行法律法规、行业规范和国家电网有限公司最新基建通用制度、专业要求，结合特高压线路工程安全管理工作实际，经过反复讨论完善、广泛征求意见编写而成。

本书包括通用部分、基础工程、组塔工程和架线工程等 4 章、20 方面、100项典型问题和防治措施，能够有效指导后续特高压线路工程开展安全隐患排查治理、反违章及事故预防等工作。

本书可供从事特高压线路工程建设管理的业主、监理、施工等单位安全专业人员学习、培训使用，也可供其他电压等级输变电工程的管理人员参考。

书中不足和疏漏之处，敬请批评指正。

编者

2024 年 12 月

目录
CONTENTS

前言

1
通用部分

1.1 人员到岗履职典型问题及防治措施

典型问题 1 人员配置不到位

一 问题描述

a 业主项目部未由建设部门副主任担任项目经理；业主项目部项目执行（常务）副经理及主要管理岗位人员配置合计不足 10 人。

b 建管区段长度超出业主项目部设置要求，但未增设安全、质量、技术管理专责或业主项目分部。

c 监理项目部未设置专职的安全（副）总监、安全监理工程师和环境、水保监理工程师，项目部主要管理岗位人员不足 8 人。

d 监理员配置数量不满足三级及以上风险旁站及驻队监理人员配备要求。

e 监理项目管理关键人员与投标文件不一致，且未经建设管理单位审批或审批流程不规范。

f 施工项目部未按规定设置专职的安全总监、安全员、质检员、施工机具专责及环保水保专责，安全专责数量不足 2 人。

g 施工项目部管理的作业层班组超过 20 个，未增配安全、质量、技术管理人员或增设施工项目分部进行分段管理。

h 施工项目管理关键人员与投标文件不一致，且未经建设管理单位审批或审批流程不规范。

二 标准规范要求

1 《国网特高压部关于印发特高压工程安全管理提升重点措施的通知》（特综合〔2020〕2 号）第 1 条规定"提升业主项目部配置。直流工程不超过 300km、交流工程折单不超过 400km 应设置一个业主项目部。业主项目经理应由建设部门副主任担任，建设公司负责人、沿线地市公司负责人、运维单位负责人应作为业主项目副经理参加工程建设，设置项目执行（常务）副经理，并落实项目管理、安全管理、质量管理、技术管理、造价管理、物资管理等专业人员，每个项目部配置人员不少于 10 人。"

2 《国家电网有限公司关于进一步加强特高压工程常态化疫情防控与现场安全管控工作的通知》（国家电网特〔2020〕393 号）第 2 条规定"建管区段长度超出特高压线路业主项目部设置要求 100km 以内的，增设安全、质量、技术管理专责各 1 人；超出 100km、不超过 1 倍的，增设业主项目分部（按标准业主项目部配置项目执行经理与管理专责），以此类推。"

3 《国家电网有限公司监理项目部标准化管理手册 线路工程分册（2021年版）》第 1.1.3 条规定"监理项目部应配备足额合格的监理人员，包括总监理工程师、总监理工程师代表、项目安全总监、专业监理工程师、安全监理工程师、造价工程师、监理员以及信息资料员，其中总监理工程师（及总监理工程师代表）、项目安全总监、专业监理工程师、安全监理工程师为项目管理关键人员，应与投标文件保持一致。"

表 1-1-1　　　　　　监理项目部人员配置基本要求一览表

序号	工程电压等级	总监理工程师	总监理工程师代表	项目安全总监	专业监理工程师	安全监理工程师	造价工程师	信息资料员	监理员
1	750kV（±660kV）及以上输电线路工程	1	1	1	1	1	1	2	原则上平地每10km、山地每 7km 配备 1 名监理员

4 《电网建设项目监理项目部环境保护和水土保持标准化管理手册 线路工程分册（2023 年版）》第 1.1.2 条规定"环境、水保监理工程师应按照监理项目部关键人员进行管理。对于特高压线路工程，要求配置 1 名专职环境、水保监理工程师。"

5 《国网特高压部关于印发特高压工程安全管理提升重点措施的通知》（特综合〔2020〕2 号）第 2 条规定"监理项目部还应配置安全副总监，专职开展安全管理；至少配置 1 名安全监理工程师，协助安全副总监开展安全管理，还应设置环水保管理专岗，每个项目部主要管理岗位人员不少于 8 人。平地每 7km、山地每 5km 至少配备 1 名现场监理员，施工高峰期适当增加满足旁站要求。"

6 《国家电网有限公司关于进一步加强特高压工程常态化疫情防控与现场安全管控工作的通知》（国家电网特〔2020〕393 号）第 2 条规定"监理项目部人员配置需满足所有三级及以上风险作业全程旁站的要求。"

7 《国家电网有限公司监理项目部标准化管理手册 线路工程分册（2021年版）》第 1.1.3 条规定"线路工程执行驻队监理工作机制，驻队监理人员可由专业监理工程师、安全监理工程师及监理员担任。架空线路工程驻队监理人员按基础作业层班组、组塔作业层班组和架线作业层班组对应配置，电缆工程驻队监理人员按流水作业层班组对应配置，一名驻队监理人员可管控多个作业层班组。监理项目部在作业层班组完成准入审批后应及时明确对应的驻队监理人员并书面通知业主项目部和施工项目部，驻队监理人员调整时重新履行书面通知程序。"

8 《国家电网有限公司关于全面加强基建施工作业单元管控长效机制建设的通知》（国家电网基建〔2020〕625号）第二条规定"建立驻队监理制度。将现场监理与进入作业现场的每一个班组挂钩，为班组配备驻队监理，对班组进行全面监督，解决现场监理仅按照作业面配备难以精准管控作业人员的难题。"

9 《国家电网有限公司监理项目部标准化管理手册 线路工程分册（2021年版）》第 1.1.3 条规定"监理项目部人员应保持相对稳定，需调整项目管理关键人员时，应经建设管理单位同意批准；需调整其他人员时，总监理工程师应书面通知业主项目部和施工项目部。"

10 《国家电网有限公司监理项目部标准化管理手册 线路工程分册（2021年版）》第 3.1 条规定"1）更换项目管理关键人员时，应填报监理项目部项目管理关键人员变更申请表，征得建设管理单位同意。2）监理项目部变更其他监理人员时，以监理工作联系单形式通知业主项目部和施工项目部。"

11 《国家电网有限公司施工项目部标准化管理手册 线路工程分册（2021年版）第 1.1.3 条规定"输电线路工程施工项目部配备施工项目经理（需要时可配备副经理）、项目总工、技术员、安全员、质检员、造价员、信息资料员、材料员、综合管理员、线路施工协调员等管理人员。项目经理（及项目副经理）、总工（技术员）、安全员、质检员以及作业层班组骨干（班组负责人、班组安全员、班组技术员）为施工项目管理关键人员，应同投标文件保持一致。项目经理、项目安全员、项目质检员为专职，不得兼任其他岗位。"

表 1-1-2　输电线路工程施工项目部组成人员岗位配置基本要求一览表

序号	施工项目部名称	项目经理	项目副经理	项目总工	技术员	安全员	质检员	造价员	信息资料员	材料员	综合管理员	施工协调员
1	750kV（±660kV）及以上输电线路工程	1	1	1	1	2	1	1	1	1	1	1

12 《电网建设项目施工项目部环境保护和水土保持标准化管理手册 线路工程分册（2023 年版）》第 1.1.2 条规定"输电线路项目部环保水保专责人员配

置和任职资格条件依据工程规模不同分别制订。1000kV（±800kV）及以上输电线路工程需设置 1 名专职环保水保专责。环保水保专责如需更换应进行人员重新报审。"

13 《国网特高压部关于印发特高压工程安全管理提升重点措施的通知》（特综合〔2020〕2 号）第 3 条规定"施工项目部应设置安全总监，并至少配置 2 名安全专责和 1 名施工机具专责。"

14 《国家电网有限公司关于进一步加强特高压工程常态化疫情防控与现场安全管控工作的通知》（国家电网特〔2020〕393 号）第二条规定"施工项目部管理的作业层班组超过 20 个，增配安全、质量、技术管理人员各 1 人；超过 30 个，增设施工项目分部进行分段管理（设置项目副经理并足额配置管理人员）。作业层班组骨干人员配置要严格执行公司有关要求，均应具有 2 年以上作业层班组骨干工作经验，且至少有 1 名为施工单位直签长期职工。"

15 《国家电网有限公司施工项目部标准化管理手册 线路工程分册（2021 年版）》第 3.1 条规定"2）项目管理关键人员原则上应同投标文件保持一致，人员资格及配置不得低于投标承诺。项目经理、安全员不得随意撤换。特殊原因需要撤换时，应填报项目管理关键人员变更申请表，经监理项目部、业主项目部审核，建设管理单位批准。"

三　防治措施

1　建设管理单位按照国家电网公司特高压工程管理相关要求，结合工程规模及建设特点组建业主项目部，明确业主项目经理及主要管理人员，及时将业主项目部组建及管理人员任命文件向国网特高压事业部报备。

2　监理单位按照国家电网公司特高压工程管理相关要求和监理合同约定的服务内容、服务期限，以及工程特点、规模、技术复杂程度等因素，在监理合同签订后一个月内成立监理项目部，并将监理项目部成立及总监理工程师的书面任命文件报送建设管理单位。

3　施工单位按照国家电网公司特高压工程管理相关要求和施工合同约定的服务内容、工作期限、建设特点等因素，在施工合同签订一个月内成立施工项目部，以文件形式任命项目经理及主要管理人员，并以书面形式通知监理单位和建设管理单位。

4　工程开工前，施工项目部将管理人员资格报送监理项目部审查，监理项目部重点审查主要施工管理人员是否与投标文件一致，人员数量是否满足工程施工管理需要，应持证的人员所持有的证件是否有效。

5 工程建设过程中，根据工程实际管理情况对参建单位人员投入情况进行检查、评估。应用国网基建数字化平台系统对人员到岗履职情况进行检查。

6 各级项目部主要管理人员因故更换应履行报批程序。业主、监理、施工项目部负责人变更时，应由建设管理单位审批并报国网特高压事业部备案。

7 施工项目部应按照《国家电网有限公司输变电工程建设施工作业层班组建设标准化手册》要求采取"班组骨干＋班组技能人员＋一般作业人员"模式组建基层作业班组，配置合格的班组骨干人员。

8 针对施工、监理项目部人员配备不足的情况，由业主项目部对相关责任单位的履约情况进行考核。

典型问题 2　人员资格不满足要求

一　问题描述

a 业主项目部项目经理无 A 级业主项目经理资格证；项目执行（常务）经理无特高压工程或 2 个以上 500kV 项目负责人管理经验；安全管理专责、质量管理专责不具备 3 年及以上电力工程安全质量管理经验，缺少国家电网公司或省级公司颁发的安全质量培训合格证明；造价管理人员未持证上岗。

b 监理项目部人员任职资格不满足监理项目部标准化手册要求。监理项目部总监理工程师、总监代表、安全总监、安全监理工程师缺少国家电网公司或省级公司颁发的安全质量培训合格证明；安全总监未通过国家电网公司项目安全总监准入培训。

c 施工项目部人员任职资格不满足施工项目部标准化手册要求。项目经理、安全员不具备省级政府部门颁发的相应安全生产考核合格证书或证书过期；项目经理（副经理）、项目总工、安全员缺少国家电网公司或省级公司颁发的安全质量培训合格证明；安全总监不具备中级注册安全工程师证书及省级政府部门颁发的安全管理人员安全生产考核合格证书，输变电工程现场施工经验不足10 年。

d 施工项目部施工机具专责不具备高级工及以上技能证书或助理工程师及以上技术职称或施工单位印发的机具能力认可文件，输变电工程机具管理经验不足 2 年；环保水保专责不具备高级工及以上技能证书或助理工程师及以上技术职称，同类型工程施工管理经历不足 2 个。

e 作业层班组骨干人员任职资格不满足施工项目部标准化手册要求，未经施工单位发文任命。

　　f　特种作业人员未持证上岗或证件过期。

二　标准规范要求

　　1　《国家电网有限公司业主项目部标准化管理手册（2021 年版）》第 1.1.5 条规定"业主项目经理应由具备基建项目综合管理能力和良好协调能力的管理人员担任，3 年及以上同类工程管理工作经历，须通过省级公司单位组织的培训，考核合格后持证上岗。业主项目经理资格证分为 A、B、C 三个等级（向下兼容），其中 500kV 及以上工程业主项目经理须取得 A 级资格证，220、330kV 工程业主项目经理须取得 B 级资格证，110kV 及以下工程业主项目经理须取得 C 级资格证。安全管理专责、质量管理专责需具有从事 2 年以上工程安全（质量）管理经历，持有省级公司颁发的安全质量培训合格证明。造价管理人员须持证上岗。"

　　2　《国家电网有限公司关于进一步加强特高压工程常态化疫情防控与现场安全管控工作的通知》（国家电网特〔2020〕393 号）第二条规定"业主项目部项目执行（常务）经理应具有特高压工程或 2 个以上 500kV 项目负责人管理经验，安全、质量管理人员应具有 3 年及以上电力工程安全质量管理经验。"

　　3　《国家电网有限公司监理项目部标准化管理手册　线路工程分册（2021 年版）》第 1.1.3 条规定"监理人员年龄应不超过 65 周岁且身体健康，具备工程建设监理实务知识、相应专业知识、工程实践经验和协调沟通能力。"

表 1-1-3　330kV 及以上送电线路工程监理人员任职资格及条件

类别	监理人员任职资格及条件
总监理工程师	参加过省级公司举办的基建安全培训，经考试合格且证书有效，具备以下两个条件： （1）国家注册监理工程师资格。 （2）中级及以上专业技术职称，3 年及以上同类工程监理工作经验
总监理工程师代表	参加过省级公司举办的基建安全培训，经考试合格且证书有效，具备以下两个条件之一： （1）工程类注册执业资格。 （2）中级及以上专业技术职称，3 年及以上同类工程监理工作经验，并经培训和考试合格
项目安全总监	通过国家电网公司项目安全总监准入培训。参加过省级公司举办的基建安全培训，经考试合格且证书有效，熟悉电力建设工程管理，具备下列条件之一： （1）国家注册安全工程师或工程类注册执业资格。 （2）中级及以上专业技术职称，2 年及以上同类工程监理工作经验。 （3）从事电力建设工程安全管理工作或相关工作 5 年以上，且具有大专及以上学历
专业监理工程师	具备以下两个条件之一： （1）工程类注册执业资格。 （2）中级及以上专业技术职称，2 年及以上同类工程监理工作经验，并经培训和考试合格

续表

岗位	资格及条件
安全监理工程师	参加过省级公司举办的基建安全培训，经考试合格且证书有效，熟悉电力建设工程管理，具备下列条件之一： （1）国家注册安全工程师或工程注册类执业资格。 （2）中级及以上专业技术职称，2年及以上同类工程监理工作经验。 （3）从事电力建设工程安全管理工作或相关工作5年以上，且具有大专及以上学历
造价工程师	具备以下两个条件： （1）工程造价类执业资格或通过电力工程造价从业人员专业能力评价。 （2）2年以上同类工程造价工作经验
监理员	经过电力建设监理业务培训，具有同类工程建设相关专业知识
信息资料员	熟悉电力建设监理信息档案管理知识，具备熟练的电脑操作技能，熟悉公司基建数字化平台操作要求，经监理单位内部培训合格
驻队监理	通过国家电网公司驻队监理准入培训，具有同类工程建设相关专业知识

注 工程类注册执业资格包括注册监理工程师、注册安全工程师、注册造价工程师、注册建造师、注册建筑师等。

4 《电网建设项目监理项目部环境保护和水土保持标准化管理手册　线路工程分册（2023年版）》第1.1.2条规定"环境、水保监理工程师应熟悉输线路工程环保水保专业知识，经过环境、水保监理相关培训，具备中级及以上职称和同类型工程一年以上环境、水保监理工作经验。"

5 《国家电网有限公司施工项目部标准化管理手册　线路工程分册（2021年版）》第1.1.4条规定"项目经理由具备良好综合管理能力和协调能力的管理人员担任，其他管理人员由具备专业管理能力和丰富实践经验的人员担任。项目部任职人员资格及数量配置不得低于投标承诺。项目经理（副经理）、项目总工、安全员须经国家电网公司或省级公司的安全质量培训，合格后方可上岗。"

表1-1-4　330kV及以上送电线路工程施工项目部人员任职资格及条件

岗位	施工项目部组成人员任职条件
项目经理	（1）持有机电工程类一级注册建造师执业资格证书。仅承建土建工程的可持有建筑工程类一级注册建造师执业资格证书。 （2）持有省级政府部门颁发的项目负责人安全生产考核合格证书。 （3）具有从事3年及以上同类型工程施工管理经历
项目副经理	中级及以上职称或技师及以上资格，具有从事3年及以上同类型工程施工管理经历
项目总工	具有中级及以上技术职称且具有从事3个及以上同类型工程施工技术管理经历
项目部安全员	持有省级政府部门颁发的安全管理人员安全生产考核合格证书，具有从事2年及以上同类型工程施工安全管理经历
项目部质检员	持有电力质量监督部门颁发的相应质量培训合格证书（应与现场所从事专业一致），具有从事2年及以上同类型工程施工质量管理经历，具备基本检验检测技能
项目部技术员	初级及以上技术职称，具有从事2年及以上同类型工程施工技术管理经历

续表

岗位	施工项目部组成人员任职条件
项目部造价员	通过电力工程造价从业人员专业能力评价或具备工程造价执业资格，具有从事同类型工程造价管理工作经历
项目部信息资料员	具有从事同类型工程施工资料及信息管理工作经历
项目部综合管理员	具有从事同类型工程施工综合管理工作经历
项目部材料员	具有从事同类型工程施工物资管理工作经历
施工协调员	熟悉相关国家、地方的法律法规，具有从事同类型工程现场管理工作经历，具有较强组织协调能力

岗位		施工项目部组成人员任职条件
作业层班组骨干人员	班组负责人	（1）具有 5 年及以上现场作业实践经验和一定的组织协调能力，能够全面组织指挥现场施工作业。 （2）能够对施工单位负责，有效管控班组其他成员作业行为。 （3）能够准确识别现场安全风险，及时排除现场事故隐患，纠正作业人员不安全行为。 （4）掌握"三算四验五禁止"安全强制措施，严格落实"在有限空间内作业，禁止不配备使用有害气体检测装置""组塔架线高空作业，禁止不配备使用攀登自锁器及速差自控器""乘坐船舶或水上作业，禁止不配备使用救生装备""紧断线平移导线挂线，禁止不交替平移子导线""多次对接组立抱杆，禁止使用正装法"等安全强制措施要求。 （5）熟悉现场作业环境和流程，能够有效掌握班组作业人员的作业能力及身体、精神状况
	班组安全员	（1）具有 3 年以上现场作业实践经验，熟悉现场安全管理要求。 （2）能够准确识别现场安全作业风险、抓实现场安全风险管控，能够在作业过程中监督作业人员作业行为，及时纠正被监护人员不安全行为。 （3）监护期间不得从事其他作业。 （4）熟悉"三算四验五禁止"安全强制措施，具备对拉线、地锚、索道、地脚螺栓等验收的能力
	班组技术员	（1）具有一个以上工程现场作业实践经验，熟悉现场作业技术要求、标准工艺、质量标准。 （2）具备掌握施工图纸、组织作业人员按要求施工能力。 （3）具备现场施工技术管理、开展施工班组级质量自检的能力。 （4）熟悉"三算四验五禁止"安全强制措施，能够参与施工方案编制，会对拉线受力、地锚受力、近电作业等距离进行计算

6 《国网特高压部关于印发特高压工程安全管理提升重点措施的通知》（特综合〔2020〕2 号）第 3 条规定"施工项目部应设置安全总监，并至少配置 2 名安全专责和 1 名施工机具专责。其中安全总监应持有中级注册安全工程师证书或省级政府部门颁发的安全管理人员安全生产考核合格证书，且具有 10 年及以上输变电工程现场施工经验，行使项目安全监督、检查、评价、考核职权，对项目经理负责，不得兼任其他职务。施工机具专责应具有高级工及以上技能证书（或助理工程师以上技术职称，或施工单位印发的机具能力认可文件）并有 2 年及以上输变电工程机具管理经验。"

7 《电网建设项目施工项目部环境保护和水土保持标准化管理手册　线路

工程分册（2023 年版）》第 1.1.2 条规定"1000kV（±800kV）及以上输电线路工程需设置 1 名专职环保水保专责，要求其具有初级及以上技术职称（或高级工及以上资格）且具有从事 2 个及以上同类型工程施工管理经历。"

8《国家电网有限公司电力建设安全工作规程　第 2 部分　线路》（Q/GDW 11957.2—2020）第 5.2.4 条规定"特种作业人员、特种设备作业人员应按照国家有关规定，取得相应资格，并按期复审，定期体检。"

9 《特高压工程（项目）安全管理体系》（特综合〔2023〕7 号）"2.23 特高压工程（项目）班组安全管理程序"第 3.1.1.1 条规定"施工单位（专业分包单位）应发文配置班组骨干人员，班组骨干任职资格条件和班组技能人员持证情况满足要求。"

10 《国家电网有限公司业务外包安全监督管理办法》（国网（安监 4）853—2022）第三十三条规定"公司对承包单位的作业人员实行安全准入管理。各单位每年定期组织开展安全准入考试，作业人员经准入考试合格后方可从事现场生产施工作业。对因作业需要临时新增或重新准入的进场作业人员，应采取动态考试方式实施准入。"

三　防治措施

1　建设管理单位按照国家电网公司特高压工程管理相关要求，结合工程特点组建业主项目部，明确业主项目经理及主要管理人员，确保人员资格满足要求。

2　监理单位按照国家电网公司特高压工程管理相关要求和监理合同约定的服务内容、服务期限，以及工程特点、规模、技术复杂程度等因素，在监理合同签订后一个月内成立监理项目部，确保人员资格满足要求。

3　施工单位按照国家电网公司特高压工程管理相关要求和施工合同约定的服务内容、工作期限、建设特点等因素，在施工合同签订一个月内成立施工项目部，以文件形式任命项目经理及主要管理人员，确保人员资格满足要求。

4　工程开工前，施工项目部将管理人员资格报送监理项目部审查，监理项目部重点审查主要施工管理人员是否与投标文件一致，人员资格、数量是否满足工程施工管理需要，应持证的人员所持有的证件是否有效。

5　各级项目部主要管理人员因故更换应履行报批程序。业主、监理、施工项目部负责人变更时，应由建设管理单位审批并报国网特高压事业部主管部门备案。

6 施工项目部应按照《国家电网有限公司输变电工程建设施工作业层班组建设标准化手册》要求采取"班组骨干+班组技能人员+一般作业人员"模式组建基层作业班组，配置合格的班组骨干人员。

7 施工项目部落实施工作业层班组准入管理，核查班组骨干人员任职资格、工作经历和管理能力等。

8 监理项目部对进场班组开展综合能力评估，督促施工项目部及时采取纠偏措施。

9 业主、监理项目部加强对施工关键人员的动态监管，将人员资格问题纳入对施工项目部的考核管理。

典型问题 3 人员教育培训不规范

一 问题描述

a 业主、监理和施工项目部安全生产教育培训、考核未开展或未全员覆盖。

b 参建人员安全规程规范、警示教育培训时长不足 8 学时。

c 现场作业人员（技能人员、特种作业人员）未进行实操培训或培训时长不足 8 学时。

d 设备材料生产厂家现场服务人员未经安全教育培训进入现场作业。

e 各级安全教育培训记录不全。

二 标准规范要求

1 《特高压工程（项目）安全管理体系》（特综合〔2023〕7 号）"1.1 特高压工程（项目）安全管理规范"第 8.1.1 条规定"业主、监理和施工项目部建立健全安全教育培训工作制度。"

2 《特高压工程（项目）安全管理体系》（特综合〔2023〕7 号）"1.1 特高压工程（项目）安全管理规范"第 8.1.5 条规定"阶段性开复工前，业主项目部组织安全教育培训，包括业主、监理和施工项目部管理人员和现场作业人员，培训时间不少于 8 学时，现场作业人员还应接受不少于 8 学时的实操技能培训。"

3 《国网特高压部关于印发特高压工程安全管理提升重点措施的通知》（特

综合〔2020〕2 号）第 5 条规定"做实开工和过程培训。工程开工前，国网特高压公司组织对建设管理单位及业主、监理、施工项目部主要管理人员进行工程管理及关键技术培训，其中安全管理不少于 10 学时，后续人员由建设管理单位组织不低于上述标准的培训。工程过程中监理、施工单位按基础、组塔、架线阶段分别组织对全部参建人员进行安全规程规范、警示教育及实操技能等培训，全部参建人员安全规程规范及警示教育培训不少于 8 学时，现场作业人员还应接受不少于 8 学时的实操技能培训。未经培训或培训考核不合格人员不得入场，培训及考核过程需留存全程影像视频资料、并建立培训档案，报业主项目部备案并留存现场备查。"

4 《特高压工程（项目）安全管理体系》（特综合〔2023〕7 号）"1.1 特高压工程（项目）安全管理规范"第 8.1.7 条规定"对进入现场的临时人员（包括检查、参观、交流、调研等）进行安全告知。"

5 《特高压工程（项目）安全管理体系》（特综合〔2023〕7 号）"1.1 特高压工程（项目）安全管理规范"第 9.4.3.5 条规定"c）施工单位应做好对设备物资服务人员安全培训、安全准入、安全审查、安全监督等安全管控工作。"

6 《特高压工程（项目）安全管理体系》（特综合〔2023〕7 号）"2.12 特高压工程（项目）安全教育培训管理程序"第 3.2.4 条规定"监理项目部组织对试验、调试、厂家及其他外来人员进场作业前安全培训。"

7 《特高压工程（项目）安全管理体系》（特综合〔2023〕7 号）"1.1 特高压工程（项目）安全管理规范"第 8.1.8 条规定"建立安全教育培训档案。"

三 防治措施

1 工程开工前，建设管理单位及业主、监理、施工项目部主要管理人员参加国网特高压公司组织的工程管理及关键技术培训。培训完成后对学员进行考核，成绩不合格的人员不得上岗。

2 工程开工前，建设管理单位组织开工前培训交底，业主、监理、施工项目部主要管理人员参加，培训及考核过程留存全程影像视频资料并建立培训档案。

3 工程建设过程中，监理、施工单位按基础、组塔、架线阶段分别组织对全部参建人员进行安全规程规范、警示教育及实操技能等培训。未经培训或培训考核不合格人员不得入场，培训及考核过程留存全程影像视频资料并建立培训档案，报业主项目部备案并留存现场备查。

4 监理、施工项目部在项目准备阶段，按项目层级编制教育培训方案计划，明确培训内容、频次、管理制度等内容。

5 各项目部按照"干什么、学什么、考什么"的原则分层级、分专业、分工种开展安全规章制度、安全技能知识、安全监督管理等培训，从安全素质和技能培训上提高各级人员安全管控能力。

6 监理项目部严格落实驻队监理工作制度，强化对施工项目部及作业层班组人员安全教育培训的专项监督管理，对施工单位的培训记录进行签认。

7 对于各级检查中发现的教育培训不到位的班组和个人，应立即停止其现场作业任务，由施工项目部组织培训并考核合格后方可继续从事相关施工作业。

8 项目部层级应建立完善的项目安全教育培训档案，定期检查更新完善。

典型问题 4　人员安全技术交底不到位

一　问题描述

a 项目部级交底，未由项目总工对项目部主要管理人员、作业层班组骨干及分包单位有关人员进行交底。

b 作业前未进行施工方案全员交底，或施工方案变更后未重新全员交底。

c 每日开工前，作业负责人未组织开展站班会交底。

d 施工方案交底内容与方案不一致。

e 施工方案交底记录不全。

f 项目部级或班组级交底记录签字不全。

二　标准规范要求

1 《国家电网有限公司施工项目部标准化管理手册　线路工程分册（2021年版）》第 6.1 条规定"（8）执行三级交底制度。安全技术交底必须有交底记录，交底人和被交底人履行全员签字手续。公司级安全技术交底。开工前，施工单位组织有关安全、质量、技术、经营等管理部门依据投标技术文件、工程设计文件、施工合同和本公司的经营目标及有关决策等资料对项目部管理人员进行交底。项目部级安全技术交底。开工前和施工作业前，项目经理应组织项目总工及有关技术管理部门依据项目管理实施规划、施工合同、工程设计文件和设备说明书、已批准的施工方案等资料制定技术交底提纲，由项目总工对项目部主要管理人员、作业层班组骨干及分包单位有关人员进行交底。班组级交底。

施工作业前，工作负责人根据施工图纸、设备说明书、已批准的施工方案及上级交底相关内容等资料编制施工作业票，并通过站班会宣读作业票等形式每天对全体作业人员进行交底。班组级交底记录为施工作业票及附件。"

2 《国家电网有限公司输变电工程建设安全管理规定》（国网（基建/2）173—2021）第六十九条规定"全体作业人员应参加施工方案、安全技术措施交底，并按规定在交底书上签字确认。"

3 《特高压工程（项目）安全管理体系》（特综合〔2023〕7号）"1.1 特高压工程（项目）安全管理规范"第 9.4.1.2 条规定"b）现场施工作业前，应对所有作业人员进行施工方案交底。"

4 《特高压工程（项目）安全管理体系》（特综合〔2023〕7号）"1.1 特高压工程（项目）安全管理规范"第7.6.4条规定"变更方案实施前，应对变更方案和预控措施重新进行交底培训，并将最新有效版本的变更及安全措施方案发放给相关方执行。"

三 防治措施

1 规范履行施工三级交底制度，职责清晰明确，遵循"谁编制、谁交底"的原则。

2 对已批准的施工方案执行项目部级、班组级交底，交底内容与方案一致。

3 规范开展安全质量技术交底，活动完成后，及时形成交底记录。严格履行交底人和被交底人全员签字手续，确保记录规范、完整。

4 监理项目部负责对施工项目部组织的安全质量技术交底情况进行监督、见证、检查，督促其规范开展各级交底。

典型问题 5 相关人员未按要求到岗到位

一 问题描述

a 业主项目（副）经理、总监理工程师、项目安全总监、施工项目经理、安全总监兼职其他项目或每月现场工作少于 22 天。

b 施工班组负责人或专责监护人不在现场。

c 劳务分包人员担任班组负责人（工作负责人）。

d 三级及以上风险作业监理未进行旁站。

e 三级及以上风险作业岗位人员未按要求到岗履职。

f 施工现场专责监护人参与施工作业。

表 1-1-5 相关人员未按要求到岗到位问题及正确示例

问题示例 c：劳务分包人员担任工作负责人

正确示例 c：施工单位自有人员担任工作负责人

问题示例 e：施工现场专责监护人从事落地抱杆操作作业

正确示例 e：施工现场专责监护人履行监护职责

二 标准规范要求

1 《国网特高压部关于印发特高压工程安全管理提升重点措施的通知》（特综合〔2020〕2 号）第 4 条规定"严格关键人员到岗到位管理。业主项目（副）经理，总监理工程师、安全副总监，施工项目经理、安全总监不得兼职其他项目，每月现场工作不应少于 22 天，确需更换应经建设管理单位批准。"

2 《国家电网有限公司输变电工程建设安全管理规定》（国网（基建 2）173—2021）附件 2"输变电工程建设三级及以上施工安全风险管理人员到岗到位最低要求。"

表1-1-6　　　　输变电工程建设三级及以上施工安全风险管理
人员到岗到位最低要求

序号	风险等级	到岗到位方式	责任人																
			省公司相关管理人员	建管单位分管领导	建管单位相关管理人员	业主项目经理	业主项目部安全专责	设计单位分管领导	设计单位相关管理人员	监理单位分管领导	监理单位相关管理人员	项目总监	安全/专业监理	监理员	施工单位分管领导	施工单位相关管理人员	施工项目经理/施工项目总工	施工项目部安全专责	作业层班组负责人	作业层班组安全员	作业层班组质检员
1	/	现场监护																	★	★	★
2	三级	监督检查											★					★			
		现场监督												★							
3	三级以上	监督检查	★	★				☆		★							★				
		现场监督					★		☆			★						★			

3　《国家电网有限公司输变电工程建设施工作业层班组建设标准化手册》第3.4条规定"（5）三级及以上风险作业现场，班组负责人需全程到岗监督指挥，班组安全员到岗监护，驻队监理到岗旁站，各级管理人员严格落实《输变电工程建设安全管理规定》中到岗到位要求。"

4　《输变电工程建设施工安全风险管理规程》（Q/GDW 12152—2021）第6.4.8条规定"风险作业过程中，作业班组安全员及安全监护人员必须专职从事安全管理或监护工作，不得从事其他作业。"

三　防治措施

1　业主项目部加强对作业现场监督管控，监督监理、施工项目部做好次日作业计划管理，掌握各班组的作业情况。每周至少有一人实地到作业点进行全覆盖、无遗漏的监督检查，对班组和作业点安全管理是否合格等情况进行核查。

2　业主项目部监督监理、施工项目部各级管理人员全面规范应用基建数字化平台和移动应用，通过数字化手段监控施工安全风险作业进程，履行安全风险作业到岗履职要求。

3　监理项目部按要求配置现场监理人员，严格落实三级及以上风险作业监理人员全程旁站的管理要求。

4　监理、施工项目部加强管理人员安全教育培训工作，严格风险作业过程中相关岗位人员到岗履职管理。

5 监理项目部加强现场检查，核查作业现场班组骨干人员到岗履职、现场监理人员旁站管理和各项目部岗位人员到岗履职情况。

1.2 施工方案及单基策划管理典型问题及防治措施

典型问题 6 施工方案编审批不符合要求

一 问题描述

a 施工方案编审批页签字不全。

b 一般施工方案编审批层级不正确，未由项目部技术员编制、项目部安全、质量管理人员审查或项目总工审批。

c 专项施工方案审批层级不正确，未由项目总工组织编制、公司职能部门审查或公司技术负责人审批。

d 实施专业分包未由专业分包单位编写施工方案。

e 专业分包单位编制的施工方案未经总包单位审查、批准。

二 标准规范要求

1 《特高压工程（项目）安全管理体系》（特综合〔2023〕7 号）"2.16 特高压工程（项目）施工方案管理程序"第 3.2.3.1 条规定"一般施工方案由施工项目部技术员编制，施工项目部安全、质量管理人员审核，项目总工审批，报监理项目部批准。"

2 《特高压工程（项目）安全管理体系》（特综合〔2023〕7 号）"2.16 特高压工程（项目）施工方案管理程序"第 3.2.3.2 条规定"专项施工方案由施工项目总工组织编制，施工单位安全、质量、技术等职能部门审核，施工单位技术负责人批准。"

3 《特高压工程（项目）安全管理体系》（特综合〔2023〕7 号）"2.16 特高压工程（项目）施工方案管理程序"第 3.2.3.3 条规定"工程实行专业分包的由分包单位编制施工方案，一般施工方案由专业分包单位及施工项目部审批；专项施工方案应当由相关专业分包单位技术负责人及施工单位技术负责人签字。"

三　防治措施

1　规范施工方案编审批管理。一般施工方案由施工项目部技术员编制，施工项目部安全、质量管理人员审核，项目总工审批。专项施工方案由施工项目总工组织编制，施工单位安全、质量、技术等职能部门审核，施工单位技术负责人批准。

2　严格审查专业分包施工方案。督促专业分包单位规范编制专业分包施工方案。总承包单位强化对专业分包施工方案的审查把关。

典型问题 7　施工方案报审及修编不规范

一　问题描述

a　施工方案未规范履行报审手续。

b　个别管理层级未按要求开展方案审查或审查流于形式，审查意见针对性和指导性不足。

c　超过一定规模的危险性较大分部分项工程专项施工方案未组织专家论证。

d　超过一定规模的危险性较大分部分项工程专项施工方案未报业主审批。

e　未按各层级审查意见修改完善施工方案或修改复查不到位。

f　施工方案执行中发生变化未及时对方案进行修订。

g　施工方案修订后未履行原审批流程。

h　施工方案变更后未重新进行全员交底。

二　标准规范要求

1　《特高压工程（项目）安全管理体系》（特综合〔2023〕7 号）"2.16 特高压工程（项目）施工方案管理程序"第 3.2.3.1 条规定"（1）一般施工方案由施工项目部技术员编制，施工项目部安全、质量管理人员审核，项目总工审批，报监理项目部批准。（2）对涉及拉线、地锚（高空地钻、铁桩、角钢锚桩）的一般施工方案，应由施工项目部技术员组织施工班组技术员共同计算编制。"

2　《特高压工程（项目）安全管理体系》（特综合〔2023〕7 号）"2.16 特高压工程（项目）施工方案管理程序"第 3.2.3.3 条规定"工程实行专业分包的由分包单位编制，一般施工方案由专业分包单位及施工项目部审批；专项施工方案应当由相关专业分包单位技术负责人及施工单位技术负责人签字。"

3　《国家电网有限公司输变电工程建设安全管理规定》（国网（基建/2）173—2021）第六十六条规定"施工项目部应根据工程实际编制施工方案，完成方案报审批准后，组织交底实施。"

4　《国家电网有限公司输变电工程建设安全管理规定》（国网（基建/2）173—2021）第六十七条规定"针对重要临时设施、重要施工工序、特殊作业、危险作业，以及危险性较大的分部分项工程，明确具体安全技术措施，并附安全验算结果，方案报审批准后，由施工单位指定专人现场监督实施。"

5　《特高压工程（项目）安全管理体系》（特综合〔2023〕7号）"2.16 特高压工程（项目）施工方案管理程序"第3.2.3.2条规定"（1）由施工项目总工组织编制，施工单位安全、质量、技术等职能部门审核，施工单位技术负责人批准。（2）对涉及拉线、地锚（包括地钻、铁桩、角钢锚桩）、临近带电体的专项施工方案，由施工项目总工组织施工项目部技术员、施工班组技术员共同计算编制。（3）三级及以上且未达到一定规模的危大工程专项施工方案由监理项目部批准。（4）达到一定规模的危险较大的分部分项工程专项施工方案、季节性施工方案，由监理项目部审核，业主项目部批准。（5）对超过一定规模的危险性较大的分部分项工程专项施工方案，施工单位应组织专家论证。论证前，专项施工方案应当通过施工单位审核和总监理工程师审查。（6）超过一定规模的危险性较大的分部分项工程的专项施工方案经论证需修改完善的，监理项目部督促施工单位根据论证报告修改完善后，重新履行审批手续。专项施工方案经论证不通过的，监理项目部督促施工单位修改后重新组织专家论证。

6　《国家电网有限公司输变电工程建设安全管理规定》（国网（基建/2）173—2021）第六十八条规定"对超过一定规模的危险性较大的分部分项工程的专项施工方案（含安全技术措施），施工单位应按国家有关规定组织专家进行论证、审查，施工单位按照审查意见修改完善后，经审批后由施工单位指定专人现场监督实施。"

7　《特高压工程（项目）安全管理体系》（特综合〔2023〕7号）"2.16 特高压工程（项目）施工方案管理程序"第3.2.3.2条规定"（6）超过一定规模的危险性较大的分部分项工程的专项施工方案经论证需修改完善的，监理项目部督促施工单位根据论证报告修改完善后，重新履行审批手续。"

8　《特高压工程（项目）安全管理体系》（特综合〔2023〕7号）"2.16 特高压工程（项目）施工方案管理程序"第3.2.3.1条规定"施工方案执行过程中，如施工方法、机械（机具）、环境等条件发生变化，应及时对施工方案进行修订或补充，并按规定进行审批。

9 《特高压工程（项目）安全管理体系》（特综合〔2023〕7 号）"2.16 特高压工程（项目）施工方案管理程序"第 3.4.1 条规定"施工单位应当严格按照专项施工方案组织施工，不得擅自修改专项施工方案。因规划调整、设计变更等原因确需调整的，修改后的专项施工方案应重新审核和论证。"

10 《危险性较大的分部分项工程安全管理规定》（住房和城乡建设部 2018 年第 37 号令）第十五条规定"专项施工方案实施前，编制人员或者项目技术负责人应当向施工现场管理人员进行方案交底。施工现场管理人员应当向作业人员进行安全技术交底，并由双方和项目专职安全生产管理人员共同签字确认。"

11 《国家电网有限公司输变电工程建设安全管理规定》（国网（基建/2）173—2021）第六十九条规定"全体作业人员应参加施工方案、安全技术措施交底，并按规定在交底书上签字确认。施工过程如需变更施工方案，应经方案审批人同意，监理项目部审核确认后重新交底。"

三 防治措施

1 提升施工方案编制质量。各层级方案编写人员应充分进行现场勘查，在深入分析工程特点难点的基础上参照施工方案推荐目录和编制要点编写施工方案，严禁盲目套用其他工程或其他单位（标段）的施工方案。

2 规范施工方案报审及完善工作。根据施工方案类别开展报审工作，针对一般施工方案及未达到一定规模的危险性较大分部分项工程专项施工方案，由监理项目部审核、总监理工程师审批；针对达到或超过一定规模的危险性较大的分部分项工程专项施工方案，由监理项目部审核，业主项目部审批。针对报审中提出的问题，督促施工单位及时对照修改完善施工方案。

3 严格审查施工方案内容。各层级应严格落实施工方案审查管理责任，对照施工方案推荐目录对方案内容进行认真把关，严禁走形式、流程化，确保审查把关质量。

4 规范开展专家论证。对于超过一定规模的危险性较大的分部分项工程专项施工方案，督促施工单位组织专家论证。论证前，施工及监理单位应完成对施工方案的审核和审查。业主、监理、施工项目部有关人员应参加专家论证。针对专家论证提出的问题，施工单位应及时对照修改完善施工方案。专项施工方案经论证不通过的，监理项目部督促施工单位修改后重新组织专家论证。

5 规范修编审批流程。施工方案修编后，需按照原施工方案报审程序层层审核把关。各级审查需严格落实专业把关职责，提出针对性、指导性修改意见建议，并确保意见落实后履行签字手续。施工单位（项目部）要认真研究落实各层级出具的施工方案审查意见，规范进行审查意见修改情况回复。监理项目部负责监督施工单位严格落实各层级审查意见，对施工方案的修改情况进行逐条复查后签署意见。业主项目部在审批施工方案时应再次核查各层级审查意见的落实情况，确保意见已落实后方可签字批准。

6 严格施工方案变更管理。施工单位应当严格按照施工方案组织施工，不得擅自修改施工方案。施工方案（措施）执行过程中，如施工方法、机械（机具）、环境等条件发生变化，应对施工方案（措施）进行修订或补充，并经方案审批人同意，监理项目部审核确认后重新交底。对于超过一定规模的危险性较大的分部分项工程专项施工方案，还应按照有关规定要求重新组织审核和专家论证。

典型问题 8　施工方案内容不完善

一　问题描述

a　引用的编制依据不全，文件版本过期，文件名称或版本号错误、不准确。

b　班组数量配置不足，班组人员配置不齐、职责不明。

c　未明确施工工期，施工计划不详细，与实际工作内容不匹配。

d　施工流程图不规范，存在框型、指向不正确，流程逻辑错误等情况。

e　示意图绘制不规范或错误，未结合实际情况绘制示意图，指导性不足。

f　施工风险识别不全，未对应制定预控措施或措施针对性不足。

g　方案中未明确应急物资清单及物资存放位置。

h　方案中缺少环水保措施或环水保措施针对性和指导性不足。

i　工器具配置规格错误、数量不足，与方案正文描述不符或前后不一致。

j　缺少必要的施工计算或安全验算内容，或计算、验算存在错误。

二　标准规范要求

1 《国家电网有限公司输变电工程建设安全管理规定》（国网（基建/2）173—2021）第六十六条规定"施工项目部应根据工程实际编制施工方案，完成方案报审批准后，组织交底实施。"

2 《国家电网有限公司输变电工程建设安全管理规定》（国网（基建/2）173—2021）第六十七条规定"针对重要临时设施、重要施工工序、特殊作业、危险作业，以及危险性较大的分部分项工程，明确具体安全技术措施，并附安全验算结果，方案报审批准后，由施工单位指定专人现场监督实施。"

3 《特高压工程（项目）安全管理体系》（特综合〔2023〕7 号）"2.16 特高压工程（项目）施工方案管理程序"第 3.2.1 条规定"施工方案主要内容一般应包括编制说明、工程概况、施工准备、工艺流程、质量控制、安全措施、应急处置方案、环水保措施、计算书及相关施工图纸等。"

4 《输变电工程项目部标准化管理规程第 2 部分：监理项目部》（Q/GDW 12257.2—2022）第 9.1.6 条规定"施工方案审查要点：1）编制、报审时间逻辑顺序是否正确；2）内部编审批程序是否符合要求；3）施工方案框架内容是否完整；4）施工方案是否符合工程建设强制性标准，所引用标准、规范是否现行有效；5）施工方案是否结合实际情况采取切实可行的最佳施工方法，做到技术可靠，经济合理，具有科学性、先进性、实用性和可操作性；6）方案是否按照设计意图，综合考虑设备特性、到货情况、施工现场情况、工程性质、工程量等各方因素，应安排好施工前各项准备工作，合理化工序衔接，使工程实施均匀连续进行；7）方案的质量、安全文明施工、环境保护的措施是否对项目有针对性，是否包含安全质量通病、安全质量强制性条文、重大危险点控制措施；8）对于危险性较大的分部分项工程的专项施工方案（含安全技术措施）是否附安全验算结果，计算是否真实、准确。"

5 《输变电工程建设施工安全强制措施（2021 年修订版）》（基建安质〔2021〕40 号）"一、加强施工技术方案管理（简称'三算'）"规定"1. 拉线必须经过计算校核；2. 地锚必须经过计算校核；3. 临近带电体作业安全距离必须经过计算校核。"

三　防治措施

1　提升施工方案编制质量。各层级方案编写人员应充分进行现场勘查，在深入分析工程特点难点的基础上参照施工方案推荐目录和编制要点编写施工方案，严禁盲目套用其他工程或其他单位（标段）的施工方案。编制过程中重点关注方案内容的齐全性、编制依据的有效性、人员计划的合理性，流程图示的规范性，管控措施的针对性，施工计算的全面性和正确性等内容，确保施工方案的内容完备性和实施针对性。

2　严格审查施工方案内容。各层级应严格落实施工方案审查管理责任，对照施工方案推荐目录对方案内容进行认真把关，严禁走形式、流程化，确保审查把关质量。重点核对专项施工方案中明确的具体安全技术措施的针对性，以及安全验算结果的正确性。对于超过一定规模的危险性较大的分部分项工程专项施工方案，规范开展专家论证，切实提升方案对施工作业的指导作用。

典型问题 9　未严格按照施工方案进行施工

一　问题描述

a　现场执行的施工方案非最终审批版。

b　作业前未开展施工方案交底或交底未覆盖全体作业人员。

c　作业人员擅自改变施工工艺（成孔方式、组塔方式等）。

d　现场施工机具配置情况（吊车吨位数量、钢丝绳规格型号、卸扣规格型号等）与施工方案不一致。

e　现场安全工器具、安全防护用品配置情况与施工方案不一致。

f　班组及作业人员配置与施工方案不一致。

二　标准规范要求

1　《国家电网有限公司输变电工程建设安全管理规定》（国网（基建/2）173—2021）第六十六条规定"工程现场作业应落实施工方案中的各项安全技术措施。"

2　《国家电网有限公司输变电工程建设安全管理规定》（国网（基建/2）173—2021）第六十七条规定"针对重要临时设施、重要施工工序、特殊作业、危险作业，以及危险性较大的分部分项工程，明确具体安全技术措施，并附安全验算结果，方案报审批准后，由施工单位指定专人现场监督实施。"

3　《国家电网有限公司输变电工程建设安全管理规定》（国网（基建/2）173—2021）第六十八条规定"对超过一定规模的危险性较大的分部分项工程的专项施工方案（含安全技术措施），施工单位应按国家有关规定组织专家进行论证、审查，施工单位按照审查意见修改完善后，经审批后由施工单位指定专人现场监督实施。"

4　《国家电网有限公司输变电工程建设安全管理规定》（国网（基建/2）173—2021）第六十九条规定"全体作业人员应参加施工方案、安全技术措施交底，并按规定在交底书上签字确认。"

5　《危险性较大的分部分项工程安全管理规定》（住房和城乡建设部 2018

年第 37 号令）第十五条规定"专项施工方案实施前，编制人员或者项目技术负责人应当向施工现场管理人员进行方案交底。施工现场管理人员应当向作业人员进行安全技术交底，并由双方和项目专职安全生产管理人员共同签字确认。"

6 《危险性较大的分部分项工程安全管理规定》（住房和城乡建设部 2018年第 37 号令）第十六条规定"施工单位应当严格按照专项施工方案组织施工不得擅自修改专项施工方案。因规划调整、设计变更等原因确需调整的，修改后的专项施工方案应当按照本规定重新审核和论证。"

7 《国家电网有限公司输变电工程建设安全管理规定》（国网（基建/2）173—2021）第七十一条规定"公司工程现场实行每日站班会制度。施工班组结合'站班会'对参加作业人员进行'三交'（交任务、交技术、交安全）、'三查'（查衣着、查三宝、查精神面貌），落实安全风险控制措施，全体作业人员签名后实施。"

8 《特高压工程（项目）安全管理体系》（特综合〔2023〕7 号）"1.1 特高压工程（项目）安全管理规范"第 9.4.1.2 条规定"b）现场施工作业前，应对所有作业人员进行施工方案交底。""d）现场施工作业应严格执行施工作业票制度。作业前，施工作业负责人应组织召开站班会，进行'三交三查'，并核对作业人员与施工作业票相符，特种作业人员持证上岗。""e）检查安全工器具和施工机具应配置齐备、合格有效，安全状态良好。"

9 《特高压工程（项目）安全管理体系》（特综合〔2023〕7 号）"2.16 特高压工程（项目）施工方案管理程序"第 9.4.1.3 条规定"a）监督、指导现场作业人员配备好防护用品，遵守安全规章制度、操作规程，杜绝违章指挥、违规作业和违反劳动纪律的行为。""b）施工作业过程中，作业班组安全员或安全监护人员必须专职从事安全管理或监护工作。""f）现场作业应执行施工方案中安全措施。""g）每日作业结束后，班组负责人应确认全部人员安全返回，总结分析填写当日施工安全控制措施落实情况等。"

三　防治措施

1 严格落实施工方案各项内容。施工方案实施前应由方案编制人员组织全员技术交底培训，必要时进行现场试点（演练）。交底人及全体参加交底人员应在交底记录上签字。施工单位（包括作业班组）首次采用的施工方案应进行现场试点，施工方案编审人员须参加试点，并结合试点情况对方案进行总结完善，指导后续施工。作业施工过程中，工程现场留存审批版施工方案，督促参建人员落实施工方案内容，按照施工方案及单基策划要求，应用相应施工工艺，配备作业人员及施工机具和安全防护用品。每日开工前结合站班会对参加作业人员进行"三交三查"，落实各项安全风险控制措施。

2 强化施工方案现场落实情况监督检查。施工单位应当严格按照施工方案组织施工，不得擅自修改施工方案。施工项目部是施工方案的执行主体，承担直接管理职责。施工单位是监督施工方案现场落实的责任主体，负责对审批的施工方案进行监督检查。监理项目部、建设管理单位（业主项目部）承担所审查的施工方案的现场实施监督管理责任，确保施工现场严格落实审批的施工方案，坚决杜绝方案和现场"两层皮"的现象发生。施工方案执行过程中若发生变更，应重新履行编审批及报审手续，并重新进行全员交底。

典型问题 10　单基策划管理不规范

一　问题描述

a　未按要求编制单基策划。

b　单基策划未按一般方案进行编审批和报审。

c　单基策划批量报审，监理未逐基核查单基策划与现场实际的一致性并实施了单基放行。

d　单基策划中明确的施工方法、主要施工机具、管控措施等与施工方案不符。

e　单基策划中无平面布置图，平面布置图过于简略或与现场实际情况不符，针对性不足。

f　单基策划未针对临近带电体、受限地形等现场实际情况进行风险识别，未制定相应管控措施，不能有效指导施工。

g　工程现场未严格落实单基策划内容，人力资源投入及施工机具、安全防护用品等配置情况与单基策划不符。

二　标准规范要求

《国家电网有限公司关于进一步加强特高压工程常态化疫情防控与现场安全管控工作的通知》（国家电网特〔2020〕393 号）"4.精准做实单基策划"规定"施工项目部要认真勘察现场，充分听取作业层班组意见，编制切实可操作的单基策划，按一般方案进行管控。监理项目部要逐基核查单基策划与现场实际的一致性，单基放行。业主项目部要检查单基策划编制、执行情况。"

三 防治措施

1 施工项目部应认真勘察施工现场，切实掌握每个现场实际情况，充分听取作业层班组意见，编制切实可操作的单基策划。

2 单基策划编制前，应制定指导性强的单基策划模版。单基策划应至少包括单基特点、现场平面布置图、主要工器具参数、具体作业方法、特殊管理要求等内容。

3 施工项目部应按一般施工方案对单基策划进行管控。单基策划应由施工项目部技术员和班组负责人共同编制，施工项目部安全、质量管理人员进行审核，项目总工审批，报监理项目部批准。

4 单基策划应与施工方案配套使用，结合工程现场实际情况对需要落实的安全、质量、技术、环水保等具体措施进行明确，具备对现场施工的实际指导意义。

5 监理项目部应按照一般方案管控单基策划，逐基核查单基策划与现场实际的一致性，逐基明确审查意见，单基放行。监理、业主项目部按要求开展单基策划编制、执行情况检查和督导。

1.3 风险管控典型问题及防治措施

典型问题 11 风险初勘复测管理不规范

一 问题描述

a 风险初勘、复测存在时间逻辑错误。

b 开工前，施工项目部未组织现场初勘。

c 现场初勘未由施工项目经理或项目总工组织，设计、监理、施工人员未按规定要求参加。

d 现场勘察记录表填写不全或与实际情况不符，未识别出临近电力线路、高临边等影响施工的全部风险因素。

e 现场勘察记录表用于复勘时，"应采取的安全措施"栏中无结论，未确定风险是否升级（不变或降级）。

二 标准规范要求

1《国家电网有限公司施工项目部标准化管理手册　线路工程分册（2021

年版）》"SAQX1：施工安全管控措施报审表"附件"6.1 施工安全风险初勘及复测"规定"按照国家及公司相关文件要求，结合工程现场实际情况，明确在施工管理策划阶段开展施工安全风险初勘工作，工作完成后形成'施工安全风险识别、评估清册'，作为风险管控措施及施工方案编制的前置必备条件。分部分项工程开工，现场作业班组填写作业票前，对施工安全风险进行复测，明确最终风险等级，同时完善相应施工安全风险管理措施，确保每项作业根据实际落实风险管理要求。"

2 《输变电工程建设施工安全风险管理规程》（Q/GDW 12152—2021）第6.1 条规定"工程开工前，施工项目部组织现场初勘。"

3 《输变电工程建设施工安全风险管理规程》（Q/GDW 12152—2021）第6.2 条规定"施工项目部根据风险作业计划，提前开展施工安全风险复测。"

4 《输变电工程建设施工安全风险管理规程》（Q/GDW 12152—2021）附录 B 规定"表 B.1 初勘由施工项目经理（或项目总工）组织，施工项目部安全员（或技术员）、监理人员参加。超过一定规模的危险性较大的分部分项工程需设计人员参加。当本表用于复测时，'应采取的安全措施'栏中必须有结论，确定风险是否升级（不变或降级）。"

三 防治措施

1 规范履行风险初勘和复测程序，施工项目部在施工策划阶段开展施工安全风险初勘工作。分部分项工程开工、现场作业班组填写作业票前，对施工安全风险进行复测。

2 工程开工前，施工单位应组织现场初勘，识别出与本工程相关的所有风险作业并进行评估，确定风险实施计划安排。严格履行安全风险初勘参与人员要求，所有参加人员需填写齐全。

3 现场勘察记录表填写应完整，用于复勘时"应采取的安全措施"栏中需明确填写风险是否升级（不变或降级）。

典型问题 12　风险识别不全或定级错误

一 问题描述

a 风险识别、评估清册中风险识别不全。

b 风险识别、评估清册中风险识别定级错误。

二　标准规范要求

1　《输变电工程建设施工安全风险管理规程》（Q/GDW 12152—2021）第 6.2.3 条规定"施工项目部根据工程进度，对即将开始的作业风险按照要求提前开展复测。重点关注地形、地貌、土质、气候、交通、周边环境、临边、临近带电体或跨越等情况，初步确定现场施工布置形式、可采用的施工方法，将复测结果和采取的安全措施填入施工作业票，作为作业票执行过程中的补充措施。"

表 1-3-1　　　　　　　　安全施工作业风险控制关键因素

序号	指标	指标简称	风险控制关键因素
1	作业人员异常	人员异常	作业班组骨干人员（班组负责人、班组安全员、班组技术员、作业面监护人、特殊工种）有同类作业经验，连续作业时间不超过 8 小时
2	机械设备异常	设备异常	机具设备工况良好，不超年限使用；起重机械起吊荷载不超过额定起重量的 90%
3	周围环境	环境变化	周边环境（含运输路况）未发生重大变化
4	气候情况	气候变化	无极端天气状况
5	地质条件	地质异常	地质条件无重大变化
6	临近带电体作业	近电作业	作业范围与带电体的距离满足《安规》要求
7	交叉作业	交叉作业	交叉作业采取安全控制措施

注 1：周围环境指的是地形地貌、有限空间、四口五临边、夜间作业环境、运行区域、闹市区域、市政管网密集区域等环境。
注 2：风险基本等级表中的风险控制关键因素采用表中的指标简称。

2　《输变电工程建设施工安全风险管理规程》（Q/GDW 12152—2021）第 6.1.3 条规定"施工项目部根据风险初勘结果、项目设计交底以及审查后的三级及以上重大风险清单，识别出与本工程相关的所有风险作业并进行评估，并确定风险实施计划安排，形成风险识别、评估清册，报监理项目部审核。"

表 1-3-2　　　风险识别、评估清册（含危大工程一览表）

工程名称：

序号	工作内容	地理位置	包含部位	风险可能导致的后果	风险级别	风险编号	计划实施时间	备注

注 1：风险控制关键因素在作业复测后填入表格（备注栏）。各级风险均应逐项列出，组塔要明确到具体塔位，其他同。

三 防治措施

1 施工项目部严格执行《输变电工程建设施工安全风险管理规程》，落实施工安全风险识别、评估及预控管理要求，按照"初步识别、复测评估、先降后控、分级管控"的原则，对工程建设施工安全风险进行管理。

2 施工项目部根据风险作业计划，提前开展风险复测，重点关注地形、地貌、土质、气候、交通、周边环境、临边、临近带电体或跨越等情况，初步确定现场施工布置形式、可采用的施工方法，将复测结果和采取的安全措施填入施工作业票，作为作业票执行过程中的补充措施。

3 当作业方法和要求发生变化时，应根据实际情况调整风险作业内容，并重新评估风险等级。

4 作业开展前一周，施工项目部根据风险复测结果提报三级及以上风险作业计划，各参建单位按照安全风险管理人员到岗到位要求制定计划并落实。

典型问题 13 未严格执行作业票管理要求

一 问题描述

a 现场作业未开具作业票。

b 作业票风险定级错误，开具的作业票类别（A/B 票）与风险等级不符。

c 施工作业内容与作业票不一致。

d 作业票中每日站班会当日控制措施落实情况与现场不一致。

二 标准规范要求

1 《输变电工程建设施工安全风险管理规程》（Q/GDW 12152—2021）第6.4.1 条规定"禁止未开具施工作业票开展风险作业。"

2 《输变电工程建设施工安全风险管理规程》（Q/GDW 12152—2021）第7.3 条规定"一个班组同一时间只能执行一张施工作业票，一张施工作业票可包涵最多一项三级及以上风险作业和多项四级、五级风险作业，按其中最高的风险等级确定作业票种类。作业票终结以最高等级的风险作业为准，未完成的其他风险作业延续到后续作业票。"

3 《输变电工程建设施工安全风险管理规程》（Q/GDW 12152—2021）第6.4.2 条规定"风险作业前一天，作业班组负责人开具风险作业对应的施工作业票，并履行审核签发程序，同步将三级及以上风险作业许可情况备案。"

4 《输变电工程建设施工安全风险管理规程》（Q/GDW 12152—2021）第6.4.5条规定"风险作业开始后、每日作业前，作业班组负责人应对当日风险进行复核、检查作业必备条件及当日控制措施落实情况、召开站班会对风险作业进行三交三查后方可开展作业。"

三 防治措施

1 风险作业前一天，作业班组负责人按照风险作业类别开具施工作业票，并履行审核签发程序。

2 一个班组同一时间只能执行一张施工作业票，一张施工作业票可包涵最多一项三级及以上风险作业和多项四级、五级风险作业，按其中最高的风险等级确定作业票种类。

3 同一张作业票对应多个风险时，应综合选用相应的预控措施。

4 风险作业开始前，工作负责人对当日风险进行复核、检查作业必备条件及当日控制措施落实情况、召开站班会对风险作业进行三交三查后方可开展作业。

5 风险作业过程中，作业人员应严格执行风险控制措施，遵守现场安全作业规章制度和作业规程，服从管理，正确使用安全工器具和个人安全防护用品，确保安全。各级管理人员按要求履行风险管控职责。

6 风险作业过程中，作业班组负责人在作业时全程进行风险控制。同时应依据现场实际情况，及时向施工项目部提出变更风险级别的建议。

7 每日作业结束后，作业班组负责人向施工项目部报告安全管理情况，作业班组负责人终结施工作业票并上报施工项目部，同时更新风险作业计划。

1.4 材料站管理典型问题及防治措施

典型问题 14 选址及分区不合理

一 问题描述

a 材料站选址不满足消防及防汛等灾害防范规定。

b 材料站场地面积不满足材料和机械设备存放要求。

c 材料站未按使用性质进行分区，未设置平面布置图，材料、设备未按平面布置图存放。

d 材料站内存在带电线路等特殊区域未进行隔离、警示。

表1-4-1　　　　　　　　选址及分区不合理问题及正确示例

| 问题示例a：材料站选址在低洼地带，易形成内涝；场地内存在易坍塌堆物 | 正确示例a：材料站选址满足消防及防汛等灾害防范规定 |

| 问题示例b：材料站材料、机械设备存放不符合要求 | 正确示例b：材料站场地设置满足材料和机械设备存放要求 |

| 问题示例c：材料站材料分区布置不合理（塔材阻挡消防器材） | 正确示例c：材料站设备材料分区堆放、布置合理 |

| 问题示例 d：材料站内带电线路未进行隔离、警示 | 正确示例 d：材料站内带电线路等特殊区域进行有效隔离、警示 |

二 标准规范要求

《国家电网有限公司电力建设安全工作规程 第 2 部分：线路》（Q/GDW 11957.2—2020）第 6.2.1 条规定"材料站应选择交通便利、安全可靠、满足放置材料和机械设备等要求的场地，并按使用性质分区明确。材料、设备应按平面布置的规定存放，并应符合消防及防汛等灾害防范的有关规定。"

三 防治措施

1 材料站选址前充分了解所在地地质、气候和环境等情况，应选择交通便利、安全可靠、满足放置材料和机械设备等要求的场地。

2 材料站布置按使用性质分区布置明确，材料、设备等分类规范存放保管。

3 材料站内存在的电力线路、通信线、市政管线等特殊区域应进行合理隔离并安装警示标志。

4 定期开展材料站布置及材料存放管理情况检查，对发现的问题及时整改。

典型问题 15 标识牌设置不符合要求

一 问题描述

a 材料、机具等存放区域未设置标识牌。

b 材料、机具等标识牌规格不统一或错用。

c 设备状态牌、材料标识牌未填写内容或内容填写不全。

d 标志牌未按警告、禁止、指令、提示（黄~红~蓝~绿）类型的顺序悬挂，未按先左后右或先上后下地排列。

表1-4-2 标识牌设置不符合要求问题及正确示例

问题示例a：材料未设置标识牌

正确示例a：材料站规范设置标识牌

问题示例b：材料标识牌规格与实物不一致

正确示例b：材料、机具等标识牌规格与实物一致

问题示例c：标识牌未填写规格等内容

正确示例c：标识牌内容填写规范齐全

二 标准规范要求

1 《输变电工程建设安全文明施工规程》（Q/GDW 10250—2021）第 7.1.6.1 条规定"标识牌包含设备、材料、物品、场地区域标识、操作规程、风险管控等。"

2 《输变电工程建设安全文明施工规程》（Q/GDW 10250—2021）第 7.1.6.3 条规定"设备状态牌用于表明施工机械设备状态，分完好机械、待修机械及在修机械三种状态牌。可采用支架、悬挂、张贴等形式（建议规格为 300mm×200mm 或 200mm×140mm）。"

3 《输变电工程建设安全文明施工规程》（Q/GDW 10250—2021）第 7.1.6.4 条规定"材料/工具状态牌：用于表明材料/工具状态，分完好合格品、不合格品两种状态牌。（建议规格为 300mm×200mm 或 200mm×140mm）。a）合格品标识牌中部为蓝色（C100）、底部为绿色（C100Y100）；b）不合格品标识牌中部为蓝色（C100）、底部为红色（M100Y100）。"

4 《输变电工程建设安全文明施工规程》（Q/GDW 10250—2021）第 7.1.6.6 条规定"现场所有的标志牌、标识牌、宣传牌等制作标准、规范，宜采用彩喷绘制，颜色应符合《安全色》GB 2893 要求；标志牌、标识牌框架、立柱、支撑件，应使用钢结构或不锈钢结构；标牌埋设、悬挂、摆设要做到安全、稳固、可靠，做到规范、标准。标志牌悬挂顺序应按照《安全标志及其使用导则》GB 2894 要求，按警告、禁止、指令、提示（黄～红～蓝～绿）类型的顺序，先左后右或先上后下排列。"

三 防治措施

1 材料站内材料、设备应分类存放保管，规范设置标识牌。

2 定期开展材料站安全检查，及时发现材料、设备存放保管中存在的问题并规范整改。

典型问题 16 安全工器具管理不到位

一 问题描述

a 安全工器具损坏或破损后，未及时报废。

b 不合格或超试验周期的安全工器具未单独存放并做出"禁用"标识。

c　安全工器具无定期检验标签或检验标签已过期。

d　未建立安全工器具登记台账或台账未及时更新。

表 1-4-3　　　　　安全工器具管理不到位问题及正确示例

问题示例 a：安全工器具破损后未及时退场	正确示例 a：安全工器具损坏或破损后及时报废

问题示例 b：不合格安全工器具未单独存放和标识	正确示例 b：不合格或超试验周期的安全工器具单独存放并做出"禁用"标识

问题示例 c：安全工器具检验标签已过期	正确示例 c：安全工器具检验标签在有效期内

二 标准规范要求

1 《国家电网有限公司电力建设安全工作规程 第 2 部分：线路》（Q/GDW 11957.2—2020）第 8.4.1.9 条规定"安全工器具符合下列条件之一者，即予以报废：a）经试验或检验不符合国家或行业标准的。b）超过有效使用期限，不能达到有效防护功能指标的。c）外观检查明显损坏影响安全使用的。"

2 《特高压工程（项目）安全管理体系》（特综合〔2023〕7 号）"2.26 特高压工程（项目）施工设备设施安全管理程序"第 3.4.2.7 条规定"安全工器具领用、归还应严格履行交接和登记手续。对返库的安全工器具通过检查合格的返库存放，不合格或超试验周期的应另外存放，做出"禁用"标识，停止使用。"

3 《特高压工程（项目）安全管理体系》（特综合〔2023〕7 号）"2.26 特高压工程（项目）施工设备设施安全管理程序"第 3.4.4.2 条规定"报废的安全工器具应及时清理，不得与合格的安全工器具存放在一起，严禁使用报废的安全工器具。"

4 《国家电网有限公司电力建设安全工作规程 第 2 部分：线路》（Q/GDW 11957.2—2020）第 8.4.1.8 条规定"安全工器具应按相关规定、标准进行定期试验。"

5 《国家电网有限公司电力安全工器具管理规定》（国网（安监 4）289—2022）第二十六条规定"安全工器具经预防性试验合格后，应由检测机构在合格的安全工器具上（不妨碍绝缘性能、使用性能且醒目的部位）牢固粘贴"合格证"标签或电子标签，同时出具检测报告。预防性试验报告和合格证内容、格式应符合相关标准要求。"

6 《特高压工程（项目）安全管理体系》（特综合〔2023〕7 号）"2.26 特高压工程（项目）施工设备设施安全管理程序"第 3.4.1.4 条规定"应建立安全工器具管理台账，做到账、卡、物相符，试验报告、检查记录齐全。"

三 防治措施

1 安全工器具应设专人管理，收发应严格履行验收手续，并按照相关规定和使用说明书检查、使用、试验、存放和报废。

2 报废的安全工器具应及时清退出场，在材料站放置时应单独存放并明确标识。

3 建立安全工器具登记台账并及时更新，对安全工器具规范管理，严防不合格安全工器具与合格安全工器具混用。

典型问题 17   基础物资管理不规范

一   问题描述

a   钢筋加工区钢筋摆放混乱，标识牌缺失。

b   地脚螺栓未按规格型号分类、整齐堆放。

c   袋装水泥堆放底部未垫起或堆放高度超过 12 包。

d   未建立地脚螺栓、钢筋管理台账或台账信息不全或台账未及时更新。

表 1-4-4   基础物资管理不规范问题及正确示例

| 问题示例 a：钢筋加工区钢筋摆放混乱，标识牌缺失 | 正确示例 a：钢筋摆放整齐，标识牌规范、标准 |

| 问题示例 b：地脚螺栓未按规格型号分类、整齐堆放 | 正确示例 b：地脚螺栓按规格型号分类、整齐堆放 |

续表

问题示例 c：袋装水泥堆放底部未垫起、堆放高度超过 12 包	正确示例 c：袋装水泥堆放底部垫起、堆放高度小于 12 包

二 标准规范要求

1 《输变电工程建设安全文明施工规程》（Q/GDW 10250—2021）第 4.2 条规定"开工前应通过施工总平面布置及规范临建设施、安全设施、标志、标识牌等式样和标准，达到现场视觉形象统一、规范、整洁、美观的效果。"

2 《输电线路工程地脚螺栓全过程管控办法（试行）》（国家电网基建〔2018〕387 号）第十七条规定"（2）地脚螺栓到货验收合格后，施工项目部应及时登记入库。入库台账应明确工程名称、生产厂家、产品规格、材质、性能等级、到货时间、到货数量等信息。（3）地脚螺栓应按不同工程、不同生产厂家、产品规格、材质、性能等级成套分类存放，并明确标识。"

3 《输电线路工程地脚螺栓全过程管控办法（试行）》（国家电网基建〔2018〕387 号）第二十条规定"施工项目部负责地脚螺栓出入库管理，规范入库、存放、领用、回收等管理程序，保证账、卡、物一致。台账中应明确工程名称、杆塔号、生产厂家、产品规格、材质、性能等级、数量、时间、经办人等信息。

4 《输变电工程项目部标准化管理规程　第 3 部分：施工项目部》（QGDW 12257.3—2022）第 7.3 条规定"c）后续自购原材料经监理项目部见证取样、送检，分批次进行报验，对原材料进行跟踪管理。"

5《国家电网有限公司电力建设安全工作规程 第2部分:线路》(Q/GDW 11957.2—2020）第6.2.2条规定"c）袋装水泥堆放的地面应垫平,架空垫起不小于0.3m,堆放高度不宜超过12包;临时露天堆放时,应用防雨篷布遮盖。"

三 防治措施

1 基础材料物资存放应整齐,标识牌标准、规范。

2 钢筋、地脚螺栓按规格型号等分类存放、区分清晰。

3 水泥存放保管符合安全、质量要求,堆放高度不宜超过12包。

4 建立地脚螺栓、钢筋管理台账并及时更新,规范地脚螺栓、钢筋入库、存放、领用等管理程序。

5 定期对材料站基础材料存放保管进行检查,发现问题及时整改。

典型问题 18 组塔物资管理不规范

一 问题描述

a 抱杆节堆放高度过高,无防倾倒措施。

b 材料站内塔材堆放混乱。

c 完好与损坏的组塔施工机具未区分放置、规范标识。

表 1-4-5 组塔物资管理不规范问题及正确示例

问题示例 a:落地抱杆节堆放过高,未设置防倾倒措施	正确示例 a:抱杆节堆放整齐稳固

问题示例 b：塔材堆放混乱

正确示例 b：塔材分区分类堆放，整齐有序

问题示例 c：完好与损坏的组塔施工机具未区分放置、缺少标识

正确示例 c：完好与损坏的组塔施工机具区分放置、规范标识

二　标准规范要求

1　《国家电网有限公司电力建设安全工作规程　第 2 部分：线路》（Q/GDW 11957.2—2020）第 6.2.2 条规定"a）器材堆放应整齐稳固。长、大件器材的堆放应有防倾倒的措施。"

2　《特高压工程（项目）安全管理体系》（特综合〔2023〕7 号）"2.26 特高压工程（项目）施工设备设施安全管理程序"第 3.1.4.1 条规定"对于自检不合格的施工机械设备应立即隔离或封存并作退场处理，严禁与合格机具混放。"

三 防治措施

1 材料站应设专人管理，机具、材料存放符合规范要求，不得超高堆放，必要时需采取防倾倒措施。

2 规范组塔施工机具、材料管理，组塔施工机具应分区放置，标识标准、规范，严防不合格机具、材料与合格机具、材料混放混用。

典型问题 19 架线物资管理不规范

一 问题描述

a 线盘滚动方向未设置掩牢措施。

b 绝缘子堆放高度超过 2m。

c 工器具存放不规范，未设置独立区域的机具材料库房。

表 1-4-6　　　　　　架线物资管理不规范问题及正确示例

问题示例 a：线盘放置未设置掩牢措施	正确示例 a：线盘下设置方木防止滚动

问题示例 b：材料站瓷绝缘子堆放高度超过 2m	正确示例 b：材料站瓷绝缘子堆放高度符合要求

| 问题示例 c：机动绞磨露天存放 | 正确示例 c：机动绞磨存放于库房 |

二　标准规范要求

1 《国家电网有限公司电力建设安全工作规程　第 2 部分：线路》（Q/GDW 11957.2—2020）第 6.2.2 条规定"g）线盘放置的地面应平整、坚实，滚动方向前后均应掩牢。"

2 《国家电网有限公司电力建设安全工作规程　第 2 部分：线路》（Q/GDW 11957.2—2020）第 6.2.2 条规定"h）绝缘子应包装完好，堆放高度不应超过 2m。"

3 《国家电网有限公司电力建设安全工作规程　第 2 部分：线路》（Q/GDW 11957.2—2020）第 6.2.1 条规定"材料站应选择交通便利、安全可靠、满足放置材料和机械设备等要求的场地，并按使用性质分区明确。材料、设备应按平面布置的规定存放，并应符合消防及防汛等灾害防范的有关规定。"

三　防治措施

1 材料站内材料、设备应按照平面布置图分区存放，并应符合消防及防汛等灾害防范要求。

2 材料站应设专人管理，机具、材料存放符合规范要求。

3 定期开展材料站材料及机具存放管理情况检查，对发现的隐患问题及时整改消除。

1.5 施工机具管理典型问题及防治措施

典型问题 20 设备租赁手续不完善

一 问题描述

a 吊车、牵张设备等租赁的施工机械无租赁合同、安全协议。

b 吊车、牵张设备等施工机械租赁方式不规范,租用个人设备或关联合同不合格。

c 租赁设备租赁合同、安全协议签署不规范,租赁合同未加盖公司公章。

d 吊车等租赁设备行驶证、保险或检验报告等超过有效期。

二 标准规范要求

1 《特高压工程(项目)安全管理体系》(特综合〔2023〕7 号)"2.26 特高压工程(项目)施工设备设施安全管理程序"第 3.1.1.7 条规定"施工项目部租赁的施工机械设备应满足以下要求:a)应选择获得国家有关部门经营许可的单位租赁施工机械设备,禁止向个人租赁起重机械设备。b)必须签订租赁合同和安全协议,明确机具租赁双方安全责任及运输、安装、报验取证、使用(指挥、操作)、维护保养、拆卸等工作的安全要求。"

2 《国家电网有限公司施工项目部标准化管理手册 线路工程分册(2021年版)》"附录 SAQX4:大中型施工机械进场/出场申报表"中填写、使用说明规定"(3)监理项目部对进场申报的审查要点:3)拟进场设备检验、试验报告等是否已经报审合格。"

三 防治措施

1 施工单位选择获得国家有关部门经营许可的单位租赁施工机械设备,规范签署租赁合同和安全协议,并在施工机械进场前将相关资料报送监理项目部审查。

2 起重机械的租赁双方在交接设备时,应对起重机械及随机资料进行验收，并建立验收记录。

3　施工项目部建立设备管理台账，确保租赁设备租赁合同、安全协议、行驶证、保险和检验报告等在有效期内，对即将到期相关合同或证件等应及时更新并重新报审。

4　监理项目部应严格审查起重机械的产品质量合格证明文件、驾驶人员的资格证书、租赁设备合同、安全协议书等。

5　监理项目部监督施工项目部整改起重机械安全隐患，发现起重机械资料不齐全、无效、存在安全隐患的，应要求安装、使用单位暂停使用并限期整改。

典型问题 21　机械设备未规范设置标识牌

一　问题描述

a　机械设备未张贴安全操作规程或安全操作规程未悬挂在机械设备附近的醒目位置。

b　机械设备未悬挂设备状态牌，或未正确标明施工机械设备的状态。

表 1-5-1　　　机械设备未规范设置标识牌问题及正确示例

问题示例 a：未在牵张机附近醒目位置悬挂安全操作规程	正确示例 a：在牵张机附近醒目位置悬挂安全操作规程

续表

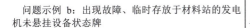

问题示例 b：出现故障、临时存放于材料站的发电机未悬挂设备状态牌	正确示例 b：存放于材料站的机械设备正确悬挂设备状态牌

二　标准规范要求

1　《输变电工程建设安全文明施工规程》（Q/GDW 10250—2021）第 7.1.6.5 条规定"机械设备安全操作规程牌宜醒目悬挂在机械设备附近，可采用悬挂或粘贴方式，内容应醒目、规范。"

2　《输变电工程建设安全文明施工规程》（Q/GDW 10250—2021）第 7.1.6.3 条规定"设备状态牌用于表明施工机械设备状态，分完好机械、待修机械及在修机械三种状态牌。可采用支架、悬挂、张贴等形式置于设备处，建议规格为 300mm×200mm 或 200mm×140mm。"

三　防治措施

1　施工单位应对牵张设备、落地抱杆、绞磨、压接机等具有动力的设备推行具有唯一性、终身性的身份编码管理。外租机具应制作临时身份编码管理标识，视同自有机具进行管理。

2　施工单位应按照合同约定配备满足工程建设需要的机械设备，并规范开展进场报审。

3　施工项目部应配备施工机具管理专责，负责管理机械设备的检验试验、安装、运行、维护工作，规范开展进场机械设备的登记、编号、检验、使用及维修工作，建立管理台账，做到物账对应，确保机械设备处于受控状态。

4 机械设备投入使用前，全面检查机械设备状态，规范设置安全操作规程牌和机械设备状态牌。机械设备使用过程中，动态跟踪管控机械设备状态，确保投入使用的机械设备性能良好。

典型问题 22 施工机械防护装置缺失或失效

一 问题描述

a 施工机械转动部分未设置防护罩。

b 起重机吊钩防脱装置缺失或失效。

c 起重机限位装置缺失或失效。

表 1-5-2 施工机械防护装置缺失或失效问题及正确示例

问题示例 a：空压机转动装置未设置防护罩 | 正确示例 a：机械转动装置安装防护罩并标明转动方向

问题示例 b：起重机吊钩防脱装置失效 | 正确示例 b：吊钩防脱装置安装有效

续表

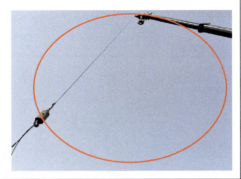

| 问题示例 c：起重机限位装置失效，尾绳固定错误 | 正确示例 c：起重机吊钩安装限位装置，钢丝绳的尾端固定符合要求 |

二　标准规范要求

1《建筑与市政施工现场安全卫生与职业健康通用规范》（GB 55034—2022）第 3.6.3 条规定"机械上的各种安全防护装置、保险装置、报警装置应齐全有效，不得随意更换、调整或拆除。"

2《国家电网有限公司电力建设安全工作规程　第 2 部分：线路》第 7.2.15 条规定"起重作业中，起吊物体应绑扎牢固，吊钩应有防止脱钩的保险装置。若物体有棱角或特别光滑的部位时，在棱角和滑面与绳索（吊带）接触处应加以包垫。起重吊钩应挂在物件的重心线上。"

3《国家电网有限公司电力建设安全工作规程　第 2 部分：线路》第 7.2.7 条规定"起重作业中，起重机械的各种监测仪表以及制动器、限位器、安全阀、闭锁机构等安全装置应完好齐全、灵敏可靠，不得随意调整或拆除。不得利用限制器和限位装置代替操纵机构。"

三　防治措施

1　施工项目部应配备施工机具管理专责，负责施工机械的检验试验、安装、运行、维护工作，并建立管理台账。

2　严格施工机械报审管理，报审的工器具检验资料应齐全、有效。

3　建立施工机械定期检查机制，对存在的安全隐患进行整改，对不合格施工机械及时清退出场。

典型问题 23　施工机具检定资料不全或失效

一　问题描述

a　施工机具进场未报审或技术资料缺失。

b　施工机具检定报告超检定周期。

c　施工机具检定报告检测项目缺项、错误。

d　安全工器具未粘贴检测合格标识。

表 1-5-3　　施工机具检定资料不全或失效问题及正确示例

问题示例 b：工器具标签超过检定周期，锈蚀破损严重	正确示例 b：工器具定期检验，悬挂标签在有效期内

问题示例 d：施工机具无检测合格标识	正确示例 d：施工机具粘贴检测合格标签

二 标准规范要求

1 《国家电网有限公司施工项目部标准化管理手册 线路工程分册（2021年版）附录 SAQX2 规定"施工项目部在开工准备时，或拟补充进场主要施工机械/工器具/安全防护用品（用具）时，应将机械、工器具、安全防护用品（用具）的清单及检验、试验报告、安全准用证等报监理项目部审查。"

2 《国家电网有限公司电力建设安全工作规程 第2部分：线路）第5.1.3条规定"相关机械、工器具应经检验合格，通过进场检查，安全防护设施及防护用品配置齐全、有效。"

3 《国家电网有限公司电力安全工器具管理规定》（国网（安监/4）289—2022）第二十五条规定"安全工器具使用期间应按规定做好预防性试验。预防性试验项目、周期和要求以及试验时间应满足电力安全工器具预防性试验相关规程的要求。"

4 《国家电网有限公司电力安全工器具管理规定》（国网（安监 4）289—2022）第二十六条规定"安全工器具经预防性试验合格后，应由检测机构在合格的安全工器具上（不妨碍绝缘性能、使用性能且醒目的部位）牢固粘贴"合格证"标签或电子标签，同时出具检测报告预防性试验报告和合格证内容、格式应符合相关标准要求。"

三 防治措施

1 施工项目部应配备施工机具管理专责，负责监督工器具的检验试验、使用、维护工作，并建立管理台账。

2 严格工器具报审管理，报审的工器具检验资料应齐全、有效。

3 建立施工工器具定期检查机制，未经检验或检验报告过期、缺少合格标签的工器具及时隔离、清退出场。

典型问题 24 施工工器具使用不规范

一 问题描述

a 卸扣横向受力或销轴在活动的绳套或锁具内。

b 钢丝绳卡规格型号不匹配、配置数量不足或间距及压板方向设置错误。

c 钢丝绳插接长度不符合要求。

d 链条（手扳）葫芦保险装置缺失或失效，或长期受力未采取保护措施。

表1-5-4　　　　施工工器具使用不规范问题及正确示例

| 问题示例a：卸扣横向受力、超负荷使用 | 正确示例a：卸扣纵向受力，在负荷范围内使用 |

问题示例 b：钢丝绳卡规格型号不匹配、配置数量不足、间距及压板方向设置错误　　　正确示例 b：钢丝绳卡规格型号匹配，配置数量、间距及压板方向设置正确

问题示例c：钢丝绳插接长度不符合要求　　　正确示例c：钢丝绳插接长度满足15倍钢丝直径的管理要求

续表

问题示例 d：链条（手扳）葫芦保险装置失效，长期受力未采取保护措施	正确示例 d：链条（手扳）葫芦保险装置安装使用有效，手拉链条绑扎在起重链条上

二　标准规范要求

1 《国家电网有限公司电力建设安全工作规程　第 2 部分：线路》（Q/GDW 11957.2—2020）第 8.3.6.2 条规定"卸扣不得横向受力。"

2 《国家电网有限公司电力建设安全工作规程　第 2 部分：线路》（Q/GDW 11957.2—2020）第 8.3.6.3 条规定"卸扣销轴不得扣在能活动的绳套或索具内。"

3 《国家电网有限公司电力建设安全工作规程　第 2 部分：线路》（Q/GDW 11957.2—2020）第 8.3.2.5 条规定"钢丝绳端部用绳卡固定连接时，绳卡压板应在钢丝绳主要受力的一边，并不得正反交叉设置。绳卡的大小要适合钢丝绳的粗细，U 型环的内侧净距，要比钢丝绳直径大 1－3mm。上卡头时应将螺栓拧紧，直到钢丝绳被压扁 1/3－1/4 直径时为止，并在钢丝绳受力后，再将卡头螺栓拧紧一次，以保证接头牢固可靠。绳卡间距不应小于钢丝绳直径的 6 倍，连接端的绳卡数量应符合表 7 的规定。"

4 《国家电网有限公司电力建设安全工作规程　第 2 部分：线路》（Q/GDW 11957.2—2020）第 8.3.2.6 条规定"插接的环绳或绳套，其插接长度应不小于钢丝绳直径的 15 倍，且不得小于 300mm。"

5 《国家电网有限公司电力建设安全工作规程　第 2 部分：线路》（Q/GDW 11957.2—2020）第 8.3.7.1 条规定"链条葫芦和手扳葫芦使用前应检查吊钩及封

口部件、链条良好，转动装置及刹车装置应可靠，转动灵活正常。"

6《国家电网有限公司电力建设安全工作规程 第 2 部分：线路》（Q/GDW 11957.2—2020）第 8.3.7.7 条规定"链条葫芦和手扳葫芦带负荷停留较长时间或过夜时，应将手拉链条或扳手绑扎在起重链条上，并采取保险措施。"

三 防治措施

1 施工项目部应配备施工机具管理专责，负责监督施工机具的检验试验、安装、运行、维护工作，并建立安全、运行、维护、拆除作业的台账。

2 施工项目部、班组应建立施工机具定期检查机制，对安全隐患应及时处理，并履行验收手续。

3 施工项目部应对班组人员开展专项培训，针对现场施工装备及工器具进行作业前检查、定期试验检测。

4 施工项目部、班组对不合格的工器具应及时隔离、清退出场。

5 施工项目部建立施工机械及工器具定期检验台账。监理项目部定期抽查，并将检查结果报业主项目部。

6 驻队监理每日开工前检查施工机械及工器具是否由总包或专业分包单位配置，是否贴有检验合格标签，安全工器具外观是否合格。检查大型施工机械是否按要求配备且已报审。不具备开工条件严禁开工。

1.6 安全防护设施使用典型问题及防治措施

典型问题 25 安全隔离设施设置不规范

一 问题描述

a 基坑周边未设置安全防护围栏，未悬挂安全警示标志。

b 临边防护未使用安全防护围栏，未悬挂安全警示标志。

c 现场施工机械区域未设置隔离设施。

d 安全防护围栏高度、间距不符合规定。

表 1-6-1　　　　　　　　　安全隔离设施不规范问题及正确示例

| 问题示例 a：基坑周边未设置安全围栏，未悬挂安全警示标志 | 正确示例 a：基坑周边设置安全围栏，并悬挂安全警示标志 |

| 问题示例 b：临边防护使用软质围栏 | 正确示例 b：临边防护规范设置硬质围栏 |

| 问题示例 c：现场流动式起重机未设置隔离围挡 | 正确示例 c：现场流动式起重机旋转作业半径周边设置隔离围挡 |

| 问题示例 d：安全围栏高度、间距不符合规定 | 正确示例 d：安全围栏高度、间距符合规定 |

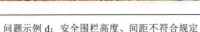

二 标准规范要求

1 《国家电网有限公司电力建设安全工作规程 第 2 部分：线路》（Q/GDW 11957.2—2020）第 6.1.4 条规定"施工现场及周围的悬崖、陡坎、深坑、高压带电区等危险场所均应设可靠的防护设施及安全标志；坑、沟、孔洞等均应铺设符合安全要求的盖板或设可靠的围栏、挡板及安全标志。危险场所夜间应设警示灯。"

2 《输变电工程建设安全文明施工规程》（Q/GDW 10250—2021）第 5.1.1.2 条规定"钢管扣件组装式安全围栏适用于相对固定的施工区域（材料站、加工区等）的划定，安全通道、临空作业面的护栏以及直径大于 1m 无盖板孔洞的围护。"

3 《输变电工程建设安全文明施工规程》（Q/GDW 10250—2021）第 5.1.1.2 条规定"a）钢管扣件组装式安全围栏采用钢管及扣件（或三通、四通管件）组装，应由上下两道横杆及立杆组成，其中立杆间距为 2000～2500mm，立杆打入地面 500～700mm 深（当立杆处在混凝土楼、地面时，应采取预埋铁件和立杆焊接等方式固定立杆），离边口的距离不应小于 500mm；上横杆离地高度不小于 1200mm，下横杆离地高度为 500～600mm，杆件强度应满足安全要求，在上横杆任何处能经受任何方向的 1000N 外力；临空作业面应设置高 180mm 的挡脚板或安全立网；杆件红白油漆涂刷、间隔均匀，尺寸规范。b）钢管扣件组装式安全围栏应与警告、提示标志配合使用，固定方式应稳定可靠，人员可接近部位水平杆突出部分不得超出 100mm。"

4　《输变电工程建设安全文明施工规程》（Q/GDW 10250—2021）第 5.1.1.3 条规定"门形组装式安全围栏适用于相对固定的施工区域、重要设备保护、带电区分界、高压试验等危险区域的区划。采用围栏组件与立杆组装方式，钢管红白油漆涂刷、间隔均匀，尺寸规范。围栏应与警告标志配合使用、在同一方向上警告标志每 20m 至少设一块；围栏应立于水平面上，平稳可靠；当围栏出现构件焊缝开裂、破损、明显变形、严重锈蚀、油漆脱落等现象时，应经修整后方可使用。"

5　《输变电工程建设安全文明施工规程》（Q/GDW 10250—2021）第 5.1.1.5 条规定："提示遮栏适用施工区域的划分与提示，线路施工作业区域的围护，不宜用在运行线路等带电设备附近。提示遮栏由立杆（高度 1200mm）和提示绳（带）组成。"

三　防治措施

1　施工项目部应合理使用安全文明施工费，现场配置足量、合格的安全隔离设施，建立使用登记台账。

2　精准策划现场施工平面布置，严格落实现场安全文明施工标准化要求，合理设置安全防护围栏。

3　施工项目部严格落实安全文明施工设施进场自查，确保满足标准化配置要求。业主、监理项目部应加强对现场安全文明施工设施配置及使用情况的检查。

典型问题 26　个人防护设施未规范配备使用

一　问题描述

a　现场作业人员未正确佩戴安全帽。

b　高处作业人员未正确使用安全带。

c　电动机具操作人员未穿戴绝缘手套、绝缘靴（鞋）。

d　个人防护设施过期或未按规定检测。

表 1-6-2   个人防护设施未规范配备使用问题及正确示例

| 问题示例 a：现场作业人员未正确佩戴安全帽 |

正确示例 a：现场作业人员正确佩戴安全帽

问题示例 b：高处作业人员未使用安全带

正确示例 b：高处作业人员正确使用安全带

问题示例 c：振捣人员未穿戴绝缘手套和绝缘靴

正确示例 c：振捣人员正确穿戴绝缘手套和绝缘靴

| 问题示例 d：个人防护设施过期或未按规定检测 | 正确示例 d：个人防护设施按规定进行检测并在使用有效期内 |

二　标准规范要求

1　《国家电网有限公司电力建设安全工作规程　第 2 部分：线路》（Q/GDW 11957.2—2020）第 6.1.2 条规定"进入施工现场的人员应正确佩戴安全帽，根据作业工种或场所需要选配个体防护装备。施工作业人员不得穿拖鞋、凉鞋、高跟鞋，以及短袖上衣、短裤、裙子等进入施工现场。不得酒后进入施工现场。与施工无关的人员未经允许不得进入施工现场。"

2　《国家电网有限公司电力建设安全工作规程　第 2 部分：线路》（Q/GDW 11957.2—2020）第 7.1.1.5 条规定"高处作业时，作业人员应正确使用安全带"。

3　《国家电网有限公司电力建设安全工作规程　第 2 部分：线路》（Q/GDW 11957.2—2020）第 8.2.12.2 条规定"电动设备操作人员作业时应穿绝缘胶鞋和戴绝缘手套。"

4《国家电网有限公司电力建设安全工作规程　第 2 部分：线路》（Q/GDW 11957.2—2020）第 7.3.1.1 条规定"进行焊接或切割作业时，操作人员应穿戴专用工作服、绝缘鞋、防护手套等符合专业防护要求的劳动保护用品。衣着不得敞领卷袖。"

5《建筑与市政施工现场安全卫生与职业健康通用规范》（GB 55034—2022）第 6.0.2 规定"架子工、起重吊装工、信号指挥工配备劳动防护用品应符合：1. 架子工、塔式起重机操作人员、起重吊装工应配备灵便紧口的工作服、系带防滑鞋和工作手套；2. 信号指挥工应配备专用标识服装，在强光环境条件作业时，应配备有色防护眼镜。"

6 《建筑与市政施工现场安全卫生与职业健康通用规范》（GB 55034—2022）第 6.0.3 规定"电工配备劳动防护用品应符合：维修电工应配备绝缘鞋、绝缘手套和灵便紧口的工作服；安装电工应配备手套和防护眼镜；高压电气作业时，应配备相应等级的绝缘鞋、绝缘手套和有色防护眼镜。"

7 《建筑与市政施工现场安全卫生与职业健康通用规范》（GB 55034—2022）第 6.0.4 规定"电焊工、气割工配备劳动防护用品应符合：1. 电焊工、气割工应配备阻燃防护服、绝缘鞋、鞋盖、电焊手套和焊接防护面罩；高处作业时，应配备安全帽与面罩连接式焊接防护面罩和阻燃安全带；2. 进行清除焊渣作业时，应配备防护眼镜；进行磨削钨极作业时，应配备手套、防尘口罩和防护眼镜；进行酸碱等腐蚀性作业时，应配备防腐蚀性工作服、耐酸碱胶鞋、耐酸碱手套、防护口罩和防护眼镜；在密闭环境或通风不良的情况下，应配备送风式防护面罩。"

8 《建筑与市政施工现场安全卫生与职业健康通用规范》（GB 55034—2022）第 6.0.12 规定"进行电钻、砂轮等手持电动工具作业时，应配备绝缘鞋、绝缘手套和防护眼镜；进行可能飞溅渣屑的机械设备作业时，应配备防护眼镜。"

9 《建筑与市政施工现场安全卫生与职业健康通用规范》（GB 55034—2022）第 6.0.13 规定"其他特殊环境作业的人员配备劳动防护用品应符合：1. 在噪声环境下工作的人员应配备耳塞、耳罩或防噪声帽等；2. 进行地下管道、井、池等检查、检修作业时，应配备防毒面具、防滑鞋和手套；3. 在有毒、有害环境中工作的人员应配备防毒面罩或面具；4. 冬期施工期间或作业环境温度较低时，应为作业人员配备防寒类防护用品；5. 雨期施工期间，应为室外作业人员配备雨衣、雨鞋等个人防护用品。"

10 《国家电网有限公司电力建设安全工作规程　第 2 部分：线路》（Q/GDW 11957.2—2020）第 8.4.2.1 条规定"d）安全帽使用期从产品制造完成之日起计算；塑料和纸胶帽不得超过 2 年半；玻璃钢（维纶钢）橡胶帽不超过 3 年半。使用期满后，要进行抽查测试合格后方可继续使用，抽检时，每批从最严酷使用场合中抽取，每项试验试样不少于 2 顶，以后每年抽检一次，有 1 顶不合格则该批安全帽报废。"

三 防治措施

1 严格落实作业人员安全培训交底，加强作业人员安全意识，施工过程中正确使用个人安全防护用品。

2 加强安全防护用品进场管理，确保安全防护用品配置到位，严禁使用未经检验、检验不合格或超过有效期限的安全防护用品。

3 做好安全防护用品的进出场登记台账，定期组织开展安全防护用品专项检查，建立有效预警机制，对检查发现的不合格安全防护用品及时回收、清理出场。

4 严格执行日检查制度，每日开工前对现场安全防护用品逐一检查，不合格用品严禁使用。强化监督检查，及时制止作业人员未正确佩戴、使用个人防护设施的行为。

典型问题 27 高处作业防护设施未规范配备使用

一 问题描述

a 高处作业人员未配备攀登自锁器、速差自控器、水平移动绳、后备保护绳等。

b 高处作业人员未正确使用攀登自锁器、速差自控器、水平移动绳、后备保护绳等。

表 1-6-3 高处作业防护设施未规范配备使用问题及正确示例

问题示例 a1：高处作业人员未配备攀登自锁器	正确示例 a1：高处作业人员正确配备使用攀登自锁器

| 问题示例 a2：高处作业人员未配备速差自控器 | 正确示例 a2：高处作业人员正确配备、使用速差自控器 |

| 问题示例 b1：高处作业人员未使用水平移动绳 | 正确示例 b1：高处作业人员正确使用水平移动绳 |

| 问题示例 b2：高处作业人员后备保护绳未拴在整相导线上 | 正确示例 b2：高空人员后备保护绳拴在整相导线上 |

二　标准规范要求

1 《国家电网有限公司电力建设安全工作规程　第 2 部分：线路》（Q/GDW

11957.2—2020）第 7.1.1.9 条规定"高处作业人员在攀登或转移作业位置时不得失去保护。杆塔上水平转移时应使用水平绳或设置临时扶手，垂直转移时应使用速差自控器或安全自锁器等装置。"

2 《国家电网有限公司电力建设安全工作规程 第 2 部分：线路》（Q/GDW 11957.2—2020）第 7.1.1.6 条规定"高处作业时，宜使用坠落悬挂式安全带，并应采用速差自控器等后备防护设施。安全带及后备防护设施应固定在构件上，应高挂低用。高处作业过程中，应随时检查安全带绑扎的牢固情况。"

3 《国家电网有限公司电力建设安全工作规程 第 2 部分：线路》（Q/GDW 11957.2—2020）第 12.7.4 条规定"附件安装时，安全绳或速差自控器应拴在横担主材上。安装间隔棒时，安全带应挂在一根子导线上，后备保护绳应拴在整相导线上。"

三 防治措施

1 加强高空作业人员进场前安全技术培训和交底，增强个人安全意识。

2 严格执行站班会制度，每日施工作业前进行全员安全交底，确保施工过程中各项安全措施落实到位。

3 高空作业必须正确配备使用攀登自锁器、速差自控器等安全防护用品，严禁高空作业失去保护。

4 驻队监理和班组负责人应加强高空作业过程中的安全监督，发现违章行为及时制止。

5 建立高空失保考核机制，针对违章的高空作业人员进行考核再教育，反复违章者予以清退。

1.7 施工用电管理典型问题及防治措施

典型问题 28 未规范编制施工用电专项方案或措施

一 问题描述

a 施工现场临时用电设备在 5 台及以上或设备总容量在 50kW 及以上，未编写用电工程组织设计或无专项方案。

b　施工现场临时用电设备在 5 台以下或设备总容量在 50kW 以下，未制定安全用电和电气防火措施。

表 1-7-1　未规范编制施工用电专项方案或措施问题及正确示例

	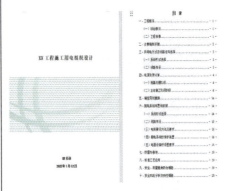
问题示例 a：施工现场临时用电设备在 5 台及以上或设备总容量在 50kW 及以上，未编写用电组织设计或无专项方案	正确示例 a：施工现场临时用电设备在 5 台及以上或设备总容量在 50kW 及以上，编写用电组织设计或专项方案

二　标准规范要求

1　《建筑与市政工程施工现场临时用电安全技术标准》（JGJ/T 46—2024）第 10.1.1 条规定"施工现场临时用电设备在 5 台及以上或设备总容量在 50kW 及以上者，应编制用电工程组织设计。"

2　《建筑与市政工程施工现场临时用电安全技术标准》（JGJ/T 46—2024）第 10.1.6 条规定"施工现场临时用电设备在 5 台以下和设备总容量在 50kW 以下者，应制定安全用电和电气防火措施。"

3　《建筑与市政工程施工现场临时用电安全技术标准》（JGJ/T 46—2024）第 10.1.4 条规定"临时用电工程组织设计编制及变更时，应履行"编制、审核、批准"程序，由电气工程技术人员组织编制，经相关部门审核及具有法人资格企业的技术负责人批准后实施。变更用电工程组织设计时，应补充有关图纸资料。"

4　《国家电网有限公司电力建设安全工作规程　第 2 部分：线路》（Q/GDW 11957.2—2020）第 6.3.1.1 条规定"施工用电方案应编入项目管理实施规划或编制专项方案。"

三　防治措施

1　施工项目部应规范编制《用电工程组织设计》或《施工用电专项方案》，制定安全用电和电气防火措施。

2　监理项目部对施工用电方案进行严格把关，审核批准后监督方案在工程现场实施落实。

典型问题 29　发电机管理不规范

一　问题描述

a　发电机未可靠接地。

b　发电机未设置防雨、防火设施。

c　发电机放置区域未设置围栏。

表 1-7-2　　　　　　　发电机管理不规范问题及正确示例

| 问题示例 a：发电机未可靠接地 | 正确示例 a：发电机外壳可靠接地 |

| 问题示例 b：发电机未设置防雨、防火措施 | 正确示例 b：发电机规范设置防雨、防火措施 |

续表

| 问题示例 c：发电机放置区域未设置围栏 | 正确示例 c：发电机摆放区域规范设置围栏及安全警示标识 |

二 标准规范要求

1 《建设工程施工现场供用电安全规范》（GB 50194—2014）第 4.0.3 条规定"1. 移动式发电机停放的地点应平坦，发电机底部距地面不应小于 0.3m；2. 发电机金属外壳和拖车应有可靠的接地措施；3. 发电机应固定牢固；4. 发电机应随车配备消防器材；5. 发电机上部应设防雨棚，防雨棚应牢固可靠。"

2 《国家电网有限公司电力建设安全工作规程 第 2 部分：线路》（Q/GDW 11957.2—2020）第 6.3.2 条规定"发电机组应符合以下要求：a）供电系统接地型式和接地电阻应与施工现场原有供用电系统保持一致。b）发电机组不得设在基坑里。c）发电机组应配置可用于扑灭电气火灾的灭火器，不得存放易燃易爆物品。d）发电机组应采用电源中性点直接接地的三相四线制供电系统，宜采用TN－S 系统。e）发电机供电系统应设置可视断路器或电源隔离开关及短路、过载保护。电源隔离开关分断时应有明显可见分断点。"

三 防治措施

1 施工项目部应在单基策划中细化施工临时用电布置。

2 施工临时用电实行检查签证放行制度，临时用电布设完成并经验收合格后方可投入使用。

3 施工用电设施安装、运行、维护应由专业电工负责，并应建立安装、运行、维护、拆除作业记录台账。

4 施工项目部应强化对施工现场临时用电设施的验收和日常检查。监理项目部将施工用电管理的规范性作为日常巡视检查的重点内容，业主项目部不定期组织开展施工用电管理专项检查，对发现的问题下发整改通知单并监督整改。

典型问题 30　配电箱管理不到位

一　问题描述

a 配电箱缺少系统接线图，无电工检查记录，箱门未标注电工姓名、联系电话。

b 配电箱未可靠接地。

c 配电箱门和框架的接地端子间未采用软铜线进行跨接。

d 配电箱内接线混乱、不规范。

e 配电箱缺漏电保护系统。

表 1-7-3　　　　　配电箱管理不规范问题及正确示例

问题示例 a1：配电箱未张贴系统接线图，无电工检查记录	正确示例 a1：配电箱箱体内配有接线示意图，张贴电工检查记录

| 问题示例 a2：配电箱箱门未标注电工姓名、联系电话 | 正确示例 a2：配电箱箱门标注电工姓名及联系方式 |

| 问题示例 b：配电箱未可靠接地 | 正确示例 b：配电箱金属外壳可靠接地 |

| 问题示例 c：配电箱门和框架的接地端子间未采用软铜线进行跨接 | 正确示例 c：配电柜门和框架的接地端子间采用软铜线进行跨接 |

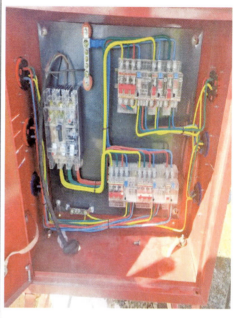

| 问题示例 d：配电箱未按相色配线，电线裸露 | 正确示例 d：配电箱内的配线采取相色配线且绝缘良好，操作部位无带电体裸露 |

| 问题示例 e：配电箱缺少漏电保护系统 | 正确示例 e：配电箱漏电保护装置完备 |

二 标准规范要求

1 《输变电工程建设安全文明施工规程》（Q/GDW 10250—2021）第 5.1.3.3 条规定"电源配电箱使用要求：1）按规定安装漏电保护器，每月至少检验一次，并做好记录。2）应有专业电工管理，并加锁，为方便使用和检修，配电箱四周可不设置安全围栏。3）箱体内应配有接线示意图，并标明出线回路名称。""c）技术要求：3）箱门应标注"有电危险"警告标志及电工姓名、联系电话，总配电箱、分配电箱附近应配置干粉式灭火器。4）配电箱内母线不能有裸露现象。"

2 《国家电网有限公司电力建设安全工作规程 第 2 部分：线路》（Q/GDW 11957.2—2020）第 6.3.2 条规定"c）配电箱应坚固，金属外壳接地或接零良好。"

3 《国家电网有限公司电力建设安全工作规程 第 2 部分：线路》（Q/GDW 11957.2—2020）第 6.3.3 条规定"e）配电箱应坚固，金属外壳接地或接零良好，其结构应具有防火、防雨的功能，箱内的配线应采取相色配线且绝缘良好，导线进出配电柜或配电箱的线段应采取固定措施，导线接头制作规范。连接牢固。操作部位不得有带电体裸露。"

4 《建设工程施工现场供用电安全规范》（GB 50194—2014）第 6.2.4 条规定"配电柜的金属框架及基础型钢应可靠接地。门和框架的接地端子间应采用软铜线进行跨接，配电柜门和框架间跨接接地线的最小截面积应符合规定。"

三 防治措施

1 施工项目部制定施工用电专项施工方案，明确配电箱管理、使用要求。

2 严格按照施工用电方案设置配电箱，明确责任人、联系电话。

3 施工用电设施安装、运行、维护应由专业电工负责，并应建立安装、运行、维护、拆除作业记录台账。

4 施工过程中专业电工定期对配电箱进行检查维护，并留存检查记录。

5 施工临时用电执行安全检查签证制度，监理按照《重要设施安全检查签证记录》内容对临时用电进行检查验收和签证。检查发现配电箱管理、使用不规范时，应立即纠正。

6 施工项目部应强化对施工现场临时用电设施的验收和日常检查。监理项目部将施工用电管理的规范性作为日常巡视检查的重点内容，业主项目部不定期组织开展施工用电管理专项检查，对发现的问题下发整改通知单并监督整改。

典型问题 31 施工用电线路未规范敷设

一 问题描述

a 施工用电线路未架空或埋设。

b 施工用电线路架设高度不满足要求。

c 电缆接头无防水、防触电、防腐蚀措施。

d 电源线直接勾挂在闸刀上或直接插入插座内使用。

表 1-7-4 施工用电线路未规范敷设问题及正确示例

| 问题示例 a1：施工用电线路未架空或埋设 | 正确示例 a1：施工用电线路采用地埋方式合理布设 |

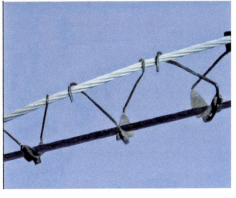

| 问题示例 a2：施工用电线路未架空或埋设 | 正确示例 a2：施工用电线路架空敷设 |

续表

问题示例 b：用电线路架设高度不满足要求

正确示例 b：用电线路架设高度满足要求

问题示例 c：电缆接头无防水、防触电措施

正确示例 c：电缆接头采取防水、防触电措施

问题示例 d：电源线直接勾挂在闸刀上或直接插入插座内使用

正确示例 d：施工用电接线规范

二　标准规范要求

《国家电网有限公司电力建设安全工作规程　第 2 部分：线路》（Q/GDW

11957.2—2020）第 6.3.3 条规定"h）电缆线路应采用埋地或架空敷设，不得沿地面明设，并应避免机械损伤和介质腐蚀。电缆接头处应有防水和防触电的措施。g）低压架空线路不得采用裸线，导线截面积不得小于 16mm²，人员通行处架设高度不得低于 2.5m；交通要道及车辆通行处，架设高度不得低于 5m。h）不同电压等级的插座与插销应选用相应的结构，不得用单相三孔插座代替三相插座。单相插座应标明电压等级。不得将电源线直接勾挂在闸刀上或直接插入插座内使用。"

三 防治措施

1 定期组织用电安全技术培训，提升人员技术能力及安全意识。

2 施工项目部配置合格的电缆，在进场使用前，进行严格检查并定期检测。

3 正确使用电缆保护和连接装置，保证电缆布线质量，不得使用损坏的电缆线，避免出现漏电等情况。

4 施工用电设施安装、运行、维护应由专业电工负责，并应建立安装、运行、维护、拆除作业记录台账。

5 定期开展施工用电安全隐患排查工作，并采取有效措施消除安全隐患。

典型问题 32　电动工器具使用不规范

一 问题描述

a 电动机械或电动工具未做到"一机一闸一保护"。

b 电动工器具外壳未有效接地或接地线破损，或绝缘部分破损。

表 1-7-5　　　电动工器具使用不规范问题及正确示例

| 问题示例 a：电动机械或电动工具未做到"一机一闸一保护" | 正确示例 a：用电设备与配电箱连接，做到"一机一闸一保护" |

问题示例 b1：电动工器具外壳未有效接地	正确示例 b1：电动工器具外壳接地良好

问题示例 b2：电动工器具绝缘部分破损	正确示例 b2：电动工器具绝缘部分完好

二　标准规范要求

1 《国家电网有限公司电力建设安全工作规程　第 2 部分：线路》（Q/GDW 11957.2—2020）第 6.3.3 条规定"电动机械或电动工具应做到'一机一闸一保护'。移动式电动机械应使用绝缘护套软电缆。"

2 《电力建设安全工作规程　第 2 部分：电力线路》（DL 5009.2—2013）第 3.2.3.8 条规定"2）电动机具及设备应装设接地保护。接地线应采用焊接、压接、螺栓连接或其他可靠方法连接，不得缠绕或勾挂。接地线应采用绝缘多股铜线。电动机械与保护零线（PE 线）连接线截面一般不得小于相线截面积的 1/3 且不得小于 2.5mm²，移动式或手提式电动机具与 PE 线的连接线截面一般不得小于相线截面积的 1/3 且不得小于 1.5mm²。6）移动式电动机械或电动工具应使用软橡胶电缆。电缆不得破损、漏电。手持部位绝缘良好。"

三 防治措施

1 定期组织施工用电安全技术培训，提升人员技术能力及安全意识。

2 施工项目部配置合格的电动工器具，在进场使用前，进行严格检查并定期检测。

3 施工用电设施安装、运行、维护应由专业电工负责，并应建立安装、运行、维护、拆除作业记录台账。

4 定期开展施工用电安全隐患排查工作，并采取有效措施排除安全隐患。

典型问题 33   三级配电未规范设置

一 问题描述

a 现场低压用电系统未采用三级配电系统。

b 超过 5m 长度的临时电缆线，未设置移动开关箱。

c 移动开关箱至固定式配电箱之间的引线长度大于 30m。

表 1-7-6   三级配电未规范设置问题及正确示例

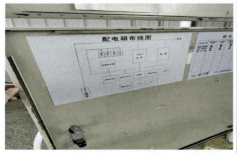

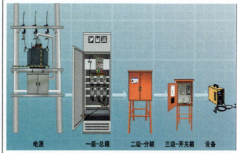

| 问题示例 a：现场低压用电系统未采用三级配电系统 | 正确示例 a：现场低压用电系统采用三级配电系统 |

| 问题示例 b：超过 5m 长度的临时电缆线，未设置移动开关箱 | 正确示例 b：超过 5m 长度的临时电缆线，设置移动开关箱 |

续表

问题示例 c：移动开关箱至固定式配电箱之间的引线长度超过 30m	正确示例 c：移动开关箱至固定式配电箱之间的引线长度符合要求

二　标准规范要求

1　《建筑与市政工程施工现场临时用电安全技术标准》（JGJ/T 46—2024）第 3.1.2 条规定"配电系统应设置总配电箱、分配电箱、开关箱三级配电装置，实行三级配电。"

2　《国家电网有限公司电力建设安全工作规程　第 2 部分：线路》（Q/GDW 11957.2—2020）第 6.3.1.6 条规定"施工用电工程的 380/220V 低压系统，应采用三级配电、二级剩余电流动作保护系统（漏电保护系统）。当施工现场设有专供施工用电的低压侧为 220/380V　中性点直接接地的变压器时，其低压配电系统的接地型式宜采用 TN—S 系统。"

3　《国家电网有限公司电力建设安全工作规程　第 2 部分：线路》（Q/GDW 11957.2—2020）第 6.3.3 条规定"用电设备的电源引线长度不得大于 5m，长度大于 5m 时，应设移动开关箱。移动开关箱至固定式配电箱之间的引线长度不得大于 30m，且只能用绝缘护套软电缆。"

三　防治措施

1　严格落实临时用电施工方案或措施要求，合理实行三级配电。

2　定期组织施工用电安全技术培训，提升人员技术能力及安全意识，严格执行施工用电安全技术规范。

3 施工项目部配置合格的绝缘护套软电缆，在进场使用前严格检查。

4 施工用电线缆的敷设、维护、拆除应由专业电工负责。

5 定期开展施工用电安全隐患排查工作，并采取有效措施排除安全隐患。

1.8 消防设施管理典型问题及防治措施

典型问题 34 未规范配备消防设施

一 问题描述

a 施工项目部、班组驻地、材料站、施工现场消防设施配置不规范、数量不足或种类不齐全。

b 项目部办公、生活区未配置消防器材架、消防钩、消防斧、消防桶、消防水箱、消防锹、消防沙箱等；会议室未单独配置灭火器。

c 在林区、牧区进行施工，未配备必要的消防器材。

d 施工项目部、班组驻地使用燃气的厨房未设置燃气报警系统或未使用专用燃气软管。

e 灭火器失压、超压或破损，未进行定期检查。

表 1-8-1　　未规范配备消防设施问题及正确示例

| 问题示例 a：材料站微型消防站未配置消防水箱 | 正确示例 a：材料站消防设施配置齐全 |

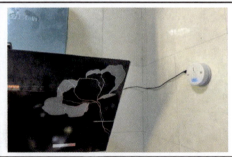

| 问题示例 d：班组驻地厨房使用燃气未设置燃气报警系统 | 正确示例 d：班组驻地厨房使用燃气正确安装燃气报警系统 |

| 问题示例 e：灭火器失压，未进行定期检查 | 正确示例 e：配备合格的灭火器并进行定期检查 |

二　标准规范要求

1　《输变电工程建设安全文明施工规程》（Q/GDW 10250—2021）第 5.1.6 条规定"消防设施：应按 GB 50720 等相关规程规范要求配备合格、有效的消防器材，并使用标准式样的消防器材架、箱。消防设施应设置在适宜的位置。"

2　《特高压工程（项目）安全管理体系》（特综合〔2023〕7 号）"2.21 特高压工程（项目）消防安全管理程序"第 3.2.1.1 条规定"项目部办公、生活区应制定消防设施分布图及疏散图，办公室（会议室）内应悬挂消防制度标牌，设置防火警示标识。"

3　《特高压工程（项目）安全管理体系》（特综合〔2023〕7 号）"2.21 特高压工程（项目）消防安全管理程序"第 3.2.1.2 条规定"项目部办公、生活区应配置消防器材架、消防钩、消防斧、消防桶、消防水箱、消防锹、消防沙箱等；会议室应单独配置灭火器。"

4 《特高压工程（项目）安全管理体系》（特综合〔2023〕7 号）"2.21 特高压工程（项目）消防安全管理程序"第 3.2.1.3 条规定"项目部生活区在出入口位置悬挂防火警示标示牌。标识牌的内容应包括灭火和应急疏散方案及防火责任人。"

5 《国家电网有限公司电力建设安全工作规程 第 2 部分：线路》（Q/GDW 11957.2—2020）第 6.4.4 条规定"在林区、牧区进行施工，应遵守当地的防火规定，并配备必要的消防器材"。

6 《建设工程施工现场环境与卫生标准》（JGJ 146—2013）第 5.1.14 条规定"食堂宜使用电炊具。使用燃气的食堂，燃气罐应单独设置存放间并应加装燃气报警装置，存放间应通风良好并严禁存放其他物品，供气单位资质应齐全，气源应有可追测性。"

7 《特高压工程（项目）安全管理体系》（特综合〔2023〕7 号）"2.21 特高压工程（项目）消防安全管理程序"第 3.2.1.4 条规定"项目部食堂和厨房应单独配置灭火器。使用燃气厨房的应安装燃气报警系统，连接使用防爆软管。"

8 《建筑灭火器配置验收及检查规范》（GB 50444—2008）第 2.2.1 条规定"灭火器压力指示器的指针应在绿区范围内"。

9 《建筑灭火器配置验收及检查规范》（GB 50444—2008）第 5.2.1 条规定"灭火器的配置、外观等应按要求每月进行一次检查"。

三 防治措施

1 项目部、材料站、班组驻地、作业现场等场所应按要求配备合格有效的消防器材，并储备应急消防物资。

2 定期组织消防知识培训，指导作业人员正确使用消防设施。

3 定期开展消防专项检查，做好消防器材的管理和维护工作。

典型问题 35 现场消防管理不规范

一 问题描述

a 现场焊接、切割等动火作业周围存在可燃物未清理。

b 林区、草地施工现场吸烟或使用明火。

c 施工现场人员流动吸烟。

表 1-8-2　　　　　　　　现场消防管理不规范问题及正确示例

问题示例 a：现场焊接、切割等动火作业周围存在可燃物未清理	正确示例 a：现场焊接、切割等动火作业现场远离可燃物

二　标准规范要求

1　《特高压工程（项目）安全管理体系》（特综合〔2023〕7 号）"2.21 特高压工程（项目）消防安全管理程序"第 3.2.2.5 条规定"施工现场焊接、切割或加热等动火作业前，施工项目部应组织作业人员对作业现场的可燃物进行清理，并配置灭火器。作业现场及附近无法移走的可燃物应采用不燃材料对其覆盖或隔离。气瓶的运输、存放、使用时应满足安规要求。"

2　《特高压工程（项目）安全管理体系》（特综合〔2023〕7 号）"2.21 特高压工程（项目）消防安全管理程序"第 3.2.2.8 条规定"禁止动火条件：（3）作业现场附近堆有易燃易爆物品，未彻底清理或者未采取有效安全措施前。"

3　《国家电网有限公司电力建设安全工作规程　第 2 部分：线路》（Q/GDW 11957.2—2020）第 6.1.6 条规定"林区、草地施工现场不得吸烟及使用明火。"

4　《输变电工程建设安全文明施工规程》（Q/GDW 10250—2021）第 7.1.7.4 条规定"在现场适宜的区域设置箱式或工棚式吸烟室，施工现场禁止流动吸烟，吸烟室宜设置烟灰缸、座椅或板凳，专人管理，场地保持清洁。"

三　防治措施

1　施工项目部制定消防安全管理制度，针对施工现场可能导致火灾发生的施工作业及其他活动进行严格管控。

2　每日召开站班会，班组负责人应向施工人员进行消防安全教育和培训。

3　结合重点时段、季节特点，有针对性地开展消防专项检查，排除消防安全隐患。

4　业主、监理对项目消防安全管理情况进行监督，强化对施工现场违规吸烟考核。

典型问题 36　易燃易爆危化品管控不到位

一　问题描述

a　氧气瓶管理不规范，在烈日下曝晒、缺少瓶帽和防震圈、未设置"严禁烟火"标识等。

b　乙炔瓶管理不规范，阳光直射、与氧气瓶混放、缺少瓶帽和防震圈、无防止倾倒的措施、未设置"乙炔危险、严禁烟火"标识等。

c　汽油、柴油未在专用区域存放，未设置消防警示标识。

表 1-8-3　　易燃易爆危化品管控不到位问题及正确示例

| 问题示例 a：氧气瓶在阳光下暴晒，防震圈缺失 | 正确示例 a：氧气瓶不靠近热源或烈日下暴晒，配有两个防震圈 |

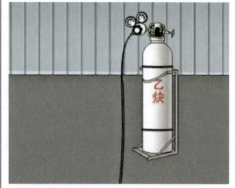

| 问题示例 b：乙炔瓶无防倾倒措施，瓶帽、防震圈缺失 | 正确示例 b：乙炔瓶直立放置，有防倾倒措施，瓶帽、防震圈齐全 |

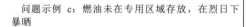

| 问题示例 c：燃油未在专用区域存放，在烈日下暴晒 | 正确示例 c：汽油、柴油存放在专用区域，醒目位置设有"严禁烟火"标志 |

二 标准规范要求

1 《国家电网有限公司电力建设安全工作规程 第 2 部分：线路》（Q/GDW 11957.2—2020）第 6.2.4 条规定"氧气瓶的存放和保管应遵守：a）存放处周围 10m 内不得有明火，不得与易燃易爆物品同间存放。b）不得与乙炔气瓶混放在一起。c）不得靠近热源或在烈日下曝晒。d）气瓶和瓶阀不得沾染油脂。e）应有瓶帽和两个防震圈。f）瓶帽应拧紧，气阀应朝向一侧。g）卧放时不宜超过 5 层，两侧应设立桩；立放时应有支架固定。h）存放间应设专人管理，并在醒目处设置"严禁烟火"的标志。"

2 《国家电网有限公司电力建设安全工作规程 第 2 部分：线路》（Q/GDW 11957.2—2020）第 6.2.5 条款规定"乙炔气瓶的存放和保管应遵守：a）施工队、同一作业点的存放量一般不超过 5 瓶。超过 5 瓶但不超过 20 瓶时，应用非燃烧墙体隔成单独的存放间并有一面靠外墙。b）存放间与明火或散发火花点距离不得小于 10m。c）存放间不得设在地下室或半地下室内。d）存放间应通风良好，不受阳光直射，远离高温热源，其附近应设有干粉或二氧化碳灭火器，但不得使用四氯化碳灭火器。e）不得与氧气瓶及易燃易爆物品同间存放。f）瓶帽应拧紧，并应有两个防震圈。g）应直立放置，不得卧放，并有防止倾倒的措施。h）存放间应设专人管理，并在醒目处设置"乙炔危险、严禁烟火"的标志。"

3 《国家电网有限公司电力建设安全工作规程 第 2 部分：线路》（Q/GDW 11957.2—2020）第 6.2.7 条规定"汽油、柴油等挥发性物品的存放和保管应遵守：a）应存放在专用区域内，容器应密封。b）附近不得有易燃易爆物品。c）不得靠近火源或在烈日下曝晒。d）醒目处应设置"严禁烟火"的标志。"

三 防治措施

1 加强对易燃易爆危化品的进场把关，对于存在瓶帽、防震圈不全，超出使用年限的氧气瓶、乙炔气瓶等严禁进场。

2 合理布置易燃易爆危化品存放场所，并设专人管理，采取有效措施防止发生火灾、爆炸事故。

3 严格落实易燃易爆危化品的储存、运输和使用管理要求，定期开展隐患排查及问题整改。

1.9 应急管理典型问题及防治措施

典型问题 37 现场应急处置方案编审批不规范

一 问题描述

a 编审批人员签字不全或签署错误。

b 现场处置方案内容不全，未涵盖工程可能涉及的全部应急处置内容。

c 方案中应急工作组设置不规范。

d 方案中未明确应急物资清单及物资存放位置。

二 标准规范要求

1 《输变电工程项目部标准化管理规程 第 1 部分：业主项目部》（Q/GDW 12257.1—2022）附录 D 第 D.1 条规定"现场应急处置方案由业主项目部安全专责，监理项目部安全监理，施工项目部安全员编写。220kV 及以下工程由施工项目经理、总监理工程师、业主项目经理、建设管理单位项目管理中心主任审核，建设管理单位建设部主任批准。500（330）kV 及以上工程由施工项目经理、总监理工程师、业主项目经理、建设管理单位工程管理部门主任审核，建设管理单位分管领导批准。"

2 《国家电网有限公司输变电工程建设安全管理规定》（国网（基建/2）173—2021）"第二章 职责分工"第（十）条规定"施工项目部参与编制和执行现场应急处置方案，组建现场应急队伍，配置现场应急资源，开展应急教育培训和应急演练，执行应急报告制度。"

3 《特高压工程（项目）安全管理体系》（特综合〔2023〕7 号）"2.18 特高压工程（项目）应急管理程序"第 3.2.9.1 条规定"应急预案经评审、修改，符合要求后，由工程应急工作组组长签署发布后实施。"

4 《输变电工程项目部标准化管理规程 第 1 部分：业主项目部》（Q/GDW 12257.1—2022）附录 D 第 D.1 条规定"4.2 现场应急处置措施根据现场需要，一般应包括以下现场应急处置措施（但不限于）：4.2.1 人身事件现场应急处置；4.2.2 有限空间作业窒息、中毒现场应急处置；4.2.3 垮（坍）塌事故现场应急处置；4.2.4 火灾、爆炸事故现场应急处置；4.2.5 触电事故现场应急处置；4.2.6 机械设备事件现场应急处置；4.2.7 食物中毒事件施工现场应急处置；4.2.8 环境污染事件现场应急处置；4.2.9 自然灾害现场应急处置；4.2.10 急性传染病现场应急处置；4.2.11 群体突发事件现场应急处置。"

5 《国家电网有限公司输变电工程建设安全管理规定》（国网（基建2）173—2021）第八十二条规定"工程建设单位牵头组建工程应急工作组，组长由业主项目经理担任，副组长由总监理工程师、施工项目经理担任，工作组成员由工程业主、监理、施工项目部的安全、技术人员组成；施工项目部负责组建现场应急救援队伍。"

6 《输变电工程项目部标准化管理规程 第 1 部分：业主项目部》（Q/GDW

12257.1—2022）附录 D 第 D.1 条规定"现场应急处置方案目录：6.1 有关应急部门、机构或人员的联系方式；6.2 重要物资装备的名单或清单。"

三 防治措施

1 规范落实现场应急处置方案编制、审核、批准流程。

2 现场应急处置方案编制前，组织对现场应急处置方案编制工作组成员进行培训，明确编制步骤、编制要素以及编制注意事项等内容。

3 严格按照现场应急处置方案目录要求编制方案，防止缺项漏项。

4 业主、监理、施工项目部应将应急管理工作情况纳入日常安全检查，督促做好有关问题的整改与闭环。

典型问题 38　未规范开展应急演练

一 问题描述

a 工程现场未制定应急演练方案。

b 应急演练方案内容不全，未明确应急演练人员、安全措施、保障措施、评估方法等项目。

c 应急演练记录不全或人员签到不全，已开展的应急演练未及时记录或记录中参与人员签字不全。

二 标准规范要求

1 《特高压工程（项目）安全管理体系》（特综合〔2023〕7 号）"2.18 特高压工程（项目）应急管理程序"第 3.5.2.2 条规定"开展应急演练前，应制定演练方案，明确演练目的、参演人员、演练时间地点及方式、演练科目及情景设计、安全措施、保障措施、评估方法等。演练方案经工程应急工作组组长批准后实施。"

2 《特高压工程（项目）安全管理体系》（特综合〔2023〕7 号）"2.18 特高压工程（项目）应急管理程序"第 3.5.2.1 条规定"工程应急工作组每年至少组织一次综合应急预案演练，每半年至少组织一次现场处置方案演练。"

3 《特高压工程（项目）安全管理体系》（特综合〔2023〕7 号）"2.18 特高压工程（项目）应急管理程序"第 3.5.2.3 条规定"工程应急工作组对应急演练进行全过程评估，针对演练过程中发现的问题，对预案完善、应急准备、应急机制、应急措施提出意见和建议，形成应急预案演练评估报告和记录。演练评估中发现的问题，应当限期改正。"

三 防治措施

1 定期规范开展应急演练工作，业主、监理做好监督并参加演练活动。

2 提前做好应急演练策划，制定应急演练方案，按照方案内容开展演练活动，针对演练评估中发现的问题限期改正。

3 将演练计划、方案、评估报告、记录材料和总结报告等资料纳入安全生产管理档案，妥善保存。

4 将应急管理工作开展情况纳入日常安全检查，做好问题的整改与闭环。

典型问题 39 应急物资管理不规范

一 问题描述

a 应急物资配备不满足现场应急处置方案要求或现场实际需求。

b 未建立应急物资台账或台账未及时更新。

表 1-9-1　　　　　应急物资管理不规范问题及正确示例

问题示例 a：应急物资配备不满足现场实际需求	正确示例 a：应急物资按照现场应急处置方案和现场实际需求配备

二　标准规范要求

1　《特高压工程（项目）安全管理体系》（特综合〔2023〕7号）"2.18 特高压工程（项目）应急管理程序"第3.3.2.1条规定"施工项目部需为应急救援队伍配备与救援活动相适应的应急装备。"

2　《特高压工程（项目）安全管理体系》（特综合〔2023〕7号）"2.18 特高压工程（项目）应急管理程序"第3.3.2.2条规定"针对可能发生的台风、洪涝、地质灾害、雨雪冰冻、草原森林火灾、设备火灾、新冠肺炎疫情等自然灾害、事故灾难和公共卫生事件应急处置，施工项目部应配置必要的防灾减灾和防疫物资。"

3　《特高压工程（项目）安全管理体系》（特综合〔2023〕7号）"2.18 特高压工程（项目）应急管理程序"第3.3.2.3条规定"施工项目部应建立应急装备物资台账，定期进行应急装备和物资的维护保养，并做好记录。"

三　防治措施

1　施工项目部应高度重视应急物资储备工作，根据现场需求配备充足的应急物资。

2　施工项目部建立应急装备物资台账，定期进行应急装备和物资的维护保养，做好记录并及时更新台账。

3　将应急物资管理情况纳入日常安全检查，做好问题的整改与闭环。

1.10　索道运输典型问题及防治措施

典型问题 40　索道架设不合理

一　问题描述

a　缺少索道专项施工方案及单基策划。

b　索道选址、架设不合理，索道跨越电力线、通信线、公路等设施，且未采取有效安全管控措施。

c　索道上下料场布置不合理，存在场地空间不足或与平面布置图不符等情况。

表 1-10-1　　　　　索道架设不合理问题及正确示例

| 问题示例 b：索道钻越电力线、跨越道路，未采取有效的防护措施 | 正确示例 b：索道跨越道路搭设跨越架，并规范设置警示标识 |

| 问题示例 c：索道上下料场布置不合理，存在场地空间不足、与平面布置图不符等情况 | 正确示例 c：索道上下料场按照平面布置图进行布置，场地空间满足使用需求 |

二　标准规范要求

1　《国家电网有限公司特高压及直流线路工程施工专用货运索道安全管理工作指导意见》（特线路〔2021〕13 号）第十七条规定"货运索道应做到'一索道、一策划、一方案、一验收'，在货运索道架设、运行、维护和拆除施工中严格执行。"

2　《国家电网有限公司特高压及直流线路工程施工专用货运索道安全管理工作指导意见》（特线路〔2021〕13 号）第十八条规定"施工单位（施工项目部）应勘测现场地形，根据运输货物的重量、尺寸等，合理选择装卸料场、索道路径、索道型式、支架类型和重量级别。"

3 《国家电网有限公司特高压及直流线路工程施工专用货运索道安全管理工作指导意见》（特线路〔2021〕13 号）第十九条规定"施工单位（施工项目部）应结合现场勘测情况进行货运索道设计，编制货运索道专项方案，包括施工准备、架设、验收、运行、维护和拆除等各方面内容，进行受力校核（包括承载索、牵引索、支架、地锚等）和上扬校核（承载索是否存在上扬情况），并附工器具清单、施工平断面图和部件组装图。"

4 《国家电网有限公司特高压及直流线路工程施工专用货运索道安全管理工作指导意见》（特线路〔2021〕13 号）第二十一条规定"施工项目部负责编制货运索道施工方案，经施工单位审查、批准后，报监理项目部审查。载重 4t 及以上货运索道施工方案，业主项目部应组织专家审查。根据专家审查意见，施工单位完善货运索道专项方案后，监理项目部负责复核专家审查意见落实情况。"

5 《国家电网有限公司电力建设安全工作规程　第 2 部分：线路》（Q/GDW 11957.2—2020）第 9.5.4 规定"索道架设不得跨越居民区、铁路、等级公路、高压电力线路等重要公共设施。"

6 《国网安质部关于印发公司架空输电线路施工专用货运索道安全监督管理规范（试行）》（安质二〔2018〕63 号）第五条规定"架设选址。对索道基础支点的选址，应避开陡坎及松软地质。索道架设坡度不宜大于 45°，防止坡度过大造成货物倾覆。索道路径严禁跨越电力线、通信线、铁路、公路、航道、生活区、厂区等设施。如确因特殊地形或环境影响无法避免跨越时，应组织专家论证，并提高风险管控等级。"

7 《架空输电线路施工专用货运索道施工工艺导则》（Q/GDW 1418—2014）第 9.1.4 条规定"索道跨越简易道路、低压电力线、通信线时，应设立明显的警示标识，采取必要防护措施，设专人监护。"

8 《国网安质部关于印发公司架空输电线路施工专用货运索道安全监督管理规范（试行）》（安质二〔2018〕63 号）第六条规定"方案制定。施工单位索道架设应做到"一索道、一方案"。结合现场勘测情况，遵照《架空输电线路施工专用货运索道施工工艺导则》（Q/GDW 1418—2014）编制索道施工专项方案，严禁不切实际的套用。其内容包括：施工准备、架设、验收、运行维护、拆除等各方面内容，并附受力计算分析（包括承载索、返空索、牵引索、支架、地锚等的分析计算）、工器具选择、施工平断面图和部件组装图。"

三 防治措施

1 规范编制索道施工方案。施工单位（施工项目部）应认真勘察工程现场，结合勘测情况并根据运输货物的重量、尺寸等进行货运索道设计，编制索道专项方案，明确施工准备、架设、验收、运行、维护和拆除等各方面内容。索道施工方案应严格按照专项施工方案进行编审批和报审，施工项目部负责落实施工方案内容，施工单位及监理、业主项目部对施工方案执行情况进行监督。

2 合理选择索道路径和场地，做好单基策划。索道路径严禁跨越电力线、通信线、铁路、公路、航道、生活区、厂区等设施，如确因特殊地形或环境影响无法避免跨越时应组织专家论证并提高风险管控等级。施工项目部要合理选择索道装卸料场，确保满足货物周转需要。索道支架应避开陡坎及松软地质，索道架设坡度不应大于 45°。施工项目部应编制切实可操作的索道单基策划，工程现场应严格落实单基策划内容。

典型问题 41 索道支架架设不规范

一 问题描述

a 货运索道使用木质支架。

b 支架不稳固，或存在明显变形、裂纹等外观缺陷。

c 支架未接地或接地线规格及安装不符合要求。

d 支架拉线绳卡数量、间距及安装方向不符合要求。

e 支架未进行定期检查及维护保养，有关记录不全。

表 1-10-2　　　　索道支架架设不规范问题及正确示例

| 问题示例 a：索道使用木质支架 | 正确示例 a：索道支架采用金属材料 |

	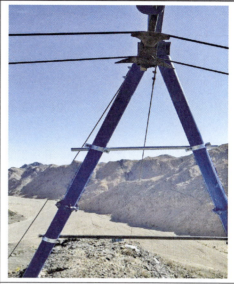
问题示例 b：支架存在明显变形、裂纹等外观缺陷	正确示例 b：索道支架材料坚实，搭设稳固

问题示例 c：索道门架根部未夯实，未有效接地	正确示例 c：索道支架规范设置临时接地装置

问题示例 d：索道门架拉线绳卡数量及间距不满足要求	正确示例 d：索道门架拉线绳卡间距为钢丝绳直径的 6～7 倍，连接端的绳卡数量符合要求

二 标准规范要求

1 《架空输电线路施工专用货运索道施工工艺导则》（Q/GDW 1418—2014）第 4.5 条规定"索道支架宜采用金属材料或复合材料。"

2 《国家电网有限公司特高压及直流线路工程施工专用货运索道安全管理工作指导意见》（特线路〔2021〕13 号）第十五条规定"货运索道严禁使用木质支架。"

3 《架空输电线路施工专用货运索道》（Q/GDW 11189—2018）第 6.7.1 条规定"支架的标准节应具有互换性，采用开口型材时，其壁厚不应小于 5mm；采用闭口型材时，其壁厚不应小于 2.5mm，且内壁应进行防腐处理。"

4 《架空输电线路施工专用货运索道》（Q/GDW 11189—2018）第 6.7.6 条规定"支架立柱焊接应在工装上进行，保证立柱组立后的直线度误差不超过 L/1000。"

5 《架空输电线路施工专用货运索道》（Q/GDW 11189—2018）第 8.1.3 a）条规定"1）支架不得有明显变形、裂纹等严重外观缺陷。各焊接部位应焊牢、焊透，不允许有裂纹、气孔、夹渣，焊缝应饱满；2）钢结构支架应采取热浸镀锌处理；3）支架各部件连接螺栓宜为 6.8 级螺栓，且拧紧后螺栓应超出螺母厚度 2 个螺距以上；4）支架立柱出厂前应进行试装配，支架各相应拼装孔应能保证互换，整根立柱轴心线的弯曲度不应大于 2/1000。"

6 《架空输电线路施工专用货运索道施工工艺导则》（Q/GDW 1418—2014）第 8.2.3 条规定"a）2000、4000kg 索道严禁使用木质支架。1000kg 索道如选用木质支架时，必须附所用木材的材质、尺寸及受力计算书。b）支架不得有明显变形、裂纹等外观缺陷。c）支架支腿、横梁间必须连接稳固。d）支架底座应采取可靠措施，防止下沉、滑移。e）金属支架需设置临时接地，接地线规格应不小于 16mm²。"

7 《国家电网有限公司电力建设安全工作规程 第 2 部分：线路》（Q/GDW 11957.2—2020）第 9.5.8 条规定"索道架设后应在各支架及牵引设备处安装临时接地装置。"

8 《国家电网有限公司电力建设安全工作规程 第 2 部分：线路》（Q/GDW 11957.2—2020）第 8.3.2.5 条规定"钢丝绳端部用绳卡固定连接时，绳卡压板应在钢丝绳主要受力的一边，并不得正反交叉设置。绳卡的大小要适合钢丝绳的粗细，U 型环的内侧净距，要比钢丝绳直径大 1～3mm。上卡头时应将螺栓拧紧，直到钢丝绳被压扁 1/3～1/4 直径时为止，并在钢丝绳受力后，再将卡头螺栓拧紧一次，以保证接头牢固可靠。绳卡间距不应小于钢丝绳直径的 6 倍，连接端的绳卡数量应符合规定。"

表 1–10–3　　　　　　钢丝绳端部固定用绳卡的数量

钢丝绳公称直径（d，mm）	d≤18	18＜d≤26	26＜d≤36	36＜d≤44	44＜d≤60
钢丝绳卡最少数	3	4	5	6	7

9　《钢丝绳安全使用和维护》（GB/T 29086—2012）第 5.2.4.5 条 c）规定"钢丝绳夹间的距离等于 6～7 倍钢丝绳直径。"

10《架空输电线路施工专用货运索道施工工艺导则》（Q/GDW 1418—2014）第 9.2.2.2 条规定"支架应每周调整拉线的松紧度、支架连接的可靠性及支架整体稳定性。"

三　防治措施

1　合理选用索道支架。特高压及直流工程货运索道严禁使用木质支架。支架应采用金属材料或复合材料，支架不得有明显变形、裂纹等外观缺陷。焊接部位应焊牢、焊透，不允许有裂纹、气孔、夹渣，焊缝应饱满，钢结构支架应采取热浸镀锌处理。支架底座应埋设稳固，采取可靠措施防止下沉、滑移。支架支腿、横梁间必须连接稳固。

2　规范支架接地及日常检查。索道架设完成后，应及时在金属支架处安装临时接地装置，接地线规格不小于 16mm²。索道投入使用后，应定期开展支架状态检查及维护保养，并按需调整支架拉线的松紧度，确保支架连接的可靠性及支架整体稳定性。

典型问题 42　工作索管理存在问题

一　问题描述

a　工作索（牵引索、承载索、返空索）规格与施工方案、单基策划不符。

b　牵引索插接长度不符合要求。

c　承载索、返空索存在接头。

d 工作索钢丝绳卡数量、间距及安装方向不符合要求。

e 工作索未与地面保持安全距离，运行中存在摩阻情况。

f 工作索未进行定期检查及维护保养，有关记录不全。

表 1-10-4　　　　　工作索管理问题及正确示例

问题示例 b：索道牵引索插接长度不符合要求	正确示例 b：牵引索需要接头时，插接长度不应小于钢丝绳直径的 100 倍

问题示例 c：索道承载索、返空索存在接头	正确示例 c：索道承载索、返空索无接头

问题示例 d：钢丝绳卡间距小于钢丝绳直径的 6 倍	正确示例 d：绳卡间距为钢丝绳直径的 6～7 倍，连接端的绳卡数量符合要求

问题示例 e：工作索与地面接触，运行中存在摩阻情况	正确示例 e：工作索与地面保持合理距离

二　标准规范要求

1　《架空输电线路施工专用货运索道》（Q/GDW 11189—2018）第 8.1.3 c）条规定"1）工作索应符合 GB/T 20118 的要求；2）钢丝绳各线股之间及各股中的丝线应紧密结合，不得有松散、分股现象；钢丝绳各股及各股中丝线不得有断丝、交错、折弯、锈蚀和擦伤；绳股不得有松紧不一、塌入和凸起等缺陷，纤维芯不得干燥、腐烂；3）承载索、返空索不得有接头。牵引索插接长度应不小于钢丝绳直径的 100 倍；4）钢丝绳套插接长度应不小于钢丝绳直径的 15 倍，且不得小于 300mm；5）钢丝绳端部用绳卡固定连接时，绳卡压板应在钢丝绳主要受力的一边，不准正反交叉设置；6）绳卡间距不应小于钢丝绳直径的 6 倍。"

2　《架空输电线路施工专用货运索道施工工艺导则》（Q/GDW 1418—2014）第 7.4.10 条规定"牵引索需要接头时，插接长度不应小于钢丝绳直径的 100 倍，并按规定对样品进行拉力试验。"

3　《架空输电线路施工专用货运索道施工工艺导则》（Q/GDW 1418—2014）第 9.1.14 条规定"工作索应与地面保持安全距离。"

4　《国家电网有限公司电力建设安全工作规程　第 2 部分：线路》（Q/GDW 11957.2—2020）第 8.3.2.5 条规定"钢丝绳端部用绳卡固定连接时，绳卡压板应在钢丝绳主要受力的一边，并不得正反交叉设置。绳卡的大小要适合钢丝绳的粗细，U 型环的内侧净距，要比钢丝绳直径大 1～3mm。上卡头时应将螺栓拧紧，直到钢丝绳被压扁 1/3～1/4 直径时为止，并在钢丝绳受力后，再将卡头螺栓拧紧一次，以保证接头牢固可靠。绳卡间距不应小于钢丝绳直径的 6 倍，连接端的绳卡数量应符合规定。"

5 《钢丝绳安全使用和维护》（GB/T 29086—2012）第 5.2.4.5 条 c）规定 "钢丝绳夹间的距离等于 6～7 倍钢丝绳直径。"

6 《架空输电线路施工专用货运索道施工工艺导则》（Q/GDW 1418—2014）第 9.2.2.4 条规定 "工作索应按要求每周检查工作索磨损、断丝情况，工作索发现问题应及时报废，报废标准按 GB/T9075 标准执行，报废绳索及时更换。"

三 防治措施

1 合理选用索道工作索。严格按照索道专项施工方案和单基策划中明确的规格要求选用工作索。作为工作索的应符合 GB/T 20118 的要求，钢丝绳绳股应密实，不得有松散、分股现象；绳股及其中丝线不得有断丝、交错、折弯、锈蚀和擦伤等情况，不得存在松紧不一、塌入和凸起等缺陷；纤维芯不得干燥、腐烂。

2 规范管控索道工作索。承载索、返空索不得有接头；牵引索插接长度应不小于钢丝绳直径的 100 倍，并按规定对样品进行拉力试验。钢丝绳套插接长度不小于钢丝绳直径的 15 倍且不小于 300mm。钢丝绳端部使用绳卡固定连接时，绳卡压板应设置在钢丝绳主要受力侧，绳卡间距不应小于钢丝绳直径的 6 倍。

3 做好工作索日常检查。工作索应与地面保持安全距离，避免运行时出现卡阻、磨损等情况。索道投入使用后，应定期检查工作索状态并进行必要的维护保养，重点关注钢丝绳磨损、断丝等情况，发现问题应及时处理，对于达到报废标准的绳索应予以及时更换。

典型问题 43 牵引机管控不到位

一 问题描述

a 使用后桥式牵引机作为牵引装置。

b 牵引机滚筒上钢丝绳缠绕不足 5 圈。

c 牵引机进出牵引索方向、角度不正确。

d 牵引机皮带传动机构等位置未加装安全保护罩壳或保护罩壳破损、未封闭。

e 牵引机未接地或接地线规格不符合要求。

f 牵引机操作区域未悬挂操作规程。

g 牵引机未进行定期检查、保养，有关记录不全。

表 1-10-5 牵引机管控不到位问题及正确示例

问题示例 a：现场违规使用后桥式牵引机	正确示例 a：索道牵引装备采用双卷筒牵引机

问题示例 b：牵引机滚筒上钢丝绳仅缠绕 3 圈	正确示例 b：牵引机卷筒上钢丝绳缠绕不少于 5 圈

问题示例 c：牵引机进出牵引索方向、角度不正确	正确示例 c：牵引机进出牵引索方向、角度符合要求

问题示例 d：牵引机传动部分未规范加装安全保护罩壳	正确示例 d：牵引机传动部分加装安全保护罩壳

问题示例 e：牵引机未接地或接地线规格不符合要求	正确示例 e：牵引机规范设置接地线

续表

| 问题示例 f: 牵引机操作区域未悬挂操作规程 | 正确示例 f: 在牵引机操作区域显著位置悬挂操作规程 |

二　标准规范要求

1　《国家电网有限公司特高压及直流线路工程施工专用货运索道安全管理工作指导意见》(特线路〔2021〕13 号)第十六条规定"货运索道应使用索道专用牵引设备。"

2　《架空输电线路施工专用货运索道施工工艺导则》(Q/GDW 1418—2014)第 11.7 条规定"索道牵引机必须经过技术检验、并具有安全使用证。"

3　《架空输电线路施工专用货运索道施工工艺导则》(Q/GDW 1418—2014)第 4.8 条规定"2000kg 级及以上索道的牵引机不应使用后桥式牵引设备,应使用双卷筒的牵引装置、机械式牵引装置应具有正反向各自独立制动装置。牵引装置不应设置在索道正下方及沿线上;牵引装置应可靠锚固,良好接地。"

4　《架空输电线路施工专用货运索道施工工艺导则》(Q/GDW 1418—2014)第 7.5.1 规定"牵引装置宜采用双卷筒牵引机,钢丝绳在卷筒上缠绕大于等于 5 圈。"

5　《输电线路施工机具现场监督检验规范》(Q/GDW 11591—2016)第 7.8 条规定" 1000kg 级及以上专用货运索道,应采用专用双卷筒索道牵引机。"

6　《架空输电线路施工专用货运索道》(Q/GDW 11189—2018)第 8.1.3 d)条规定"1)牵引装置应采用双卷筒机械牵引机或液压牵引机,卷筒底径应大于使用牵引绳直径的 15 倍,卷筒的抗滑安全系数在正常运行、制动时不得小于1.25;2)牵引装置运转应平稳、无漏油、漏水等异常现象,离合器、换挡手柄操作应灵活;3)牵引装置制造安装时应对动力部分加装减振装置,应在水箱、蓄电池、离合器及皮带传动机构加装安全保护罩壳;4)卷筒轴承端盖上应设置润滑脂加注装置。"

7　《架空输电线路施工专用货运索道》（Q/GDW 11189—2018）第 5.1 条规定"索道牵引装置卷筒槽底直径应不小于最大使用钢丝绳直径的 15 倍。索道牵引装置卷筒上绳槽槽数应不少于 5。"

8　《架空输电线路施工专用货运索道》（Q/GDW 11189—2018）第 6.6.2 规定"牵引装置制造安装时应对动力部分加装减振装置，须在水箱、蓄电池、离合器及皮带传动机构加装安全保护罩壳。应在卷筒轴承端盖上设置润滑脂加注装置。"

9　《架空输电线路施工专用货运索道施工工艺导则》（Q/GDW 1418—2014）第 8.2.6 条规定"a）索道牵引装置牵引索在磨芯上的缠绕圈数应不少于 5 圈，进出牵引索方向、角度应正确。b）索道牵引装置运转应平稳、无漏油、漏水等异常现象，离合器、换挡手柄操作应灵活。c）索道牵引装置传动部分应设置防护罩。d）索道牵引装置启动和制动应安全有效，应能承受频繁的启动和制动。e）索道牵引装置设置在索道线路侧面的 10m 以外安全位置上，可靠锚固，良好接地。牵引设备操作区域悬挂操作规程，操作人员应持证上岗。"

10　《架空输电线路施工专用货运索道施工工艺导则》（Q/GDW 1418—2014）第 7.3.4 条规定"牵引索应按照正确进出线方向导入卷筒，其导入方向应与卷筒轴垂直，牵引索应顺序地缠绕在索道牵引机卷筒上。"

11　《国家电网有限公司电力建设安全工作规程　第 2 部分：线路》（Q/GDW 11957.2—2020）第 9.5.8 条规定"索道架设后应在各支架及牵引设备处安装临时接地装置。"

12　《架空输电线路施工专用货运索道施工工艺导则》（Q/GDW 1418—2014）第 7.3.5 规定"用机械牵引钢丝绳时，钢丝绳应用制动器或其他带有张力控制的装置进行张力展放，严禁用人力控制直接放出，防止绳盘失控伤人。经过制动器松绳时，钢丝绳在制动器上缠绕大于等于 5 圈，尾绳必须由专人控制，且不能少于 2 人。"

13　《国家电网有限公司电力建设安全工作规程　第 2 部分：线路》（Q/GDW 11957.2—2020）第 9.5.11 规定"牵引设备卷筒上的钢索至少应缠绕 5 圈。牵引设备的制动装置应经常检查，保持有效的制动力。"

14　《架空输电线路施工专用货运索道施工工艺导则》（Q/GDW 1418—2014）第 9.2.2.1 条规定"索道牵引机：（1）保持外观清洁，及时加冷却水加燃油；（2）检查并确保所有螺栓连接紧固；（3）检查各系统的工作性能可靠；（4）应按说明书要求定期检查变速箱、磨筒轴承、操作杆机构机油，并及时更换。（5）冬季施工水箱应添加防冻液，做好防冻措施；（6）有可靠的防雨措施。"

三　防治措施

1　合理选用索道牵引机。货运索道牵引装置应采用双卷筒机械牵引机或液压牵引机，卷筒底径应大于使用牵引绳直径的 15 倍，卷筒的抗滑安全系数满足规程规范要求。牵引机运转应平稳、无漏油、漏水等异常现象，离合器、换挡手柄操作应灵活。牵引机传动部分应按要求设置安全防护罩。

2　规范使用索道牵引机。牵引机应设置在索道线路侧面的安全位置上，并进行可靠锚固、良好接地。牵引索在牵引机磨芯上的缠绕圈数应不少于 5 圈，且进出牵引索方向、角度应正确。牵引机操作区域悬挂操作规程，操作人员应持证上岗。索道投入使用后，应按说明书要求定期检查变速箱、制动装置、磨筒轴承、操作杆机构机油，必要时进行保养、维修或更换。

典型问题 44　索道地锚、拉线设置不规范

一　问题描述

a　地锚（包括牵引机、支架、工作索等地锚）及拉线规格、埋深等与施工方案及单基策划不一致。

b　地锚埋设未开挖马道或马道与钢丝绳受力方向不一致，地锚拉线松动或拉线角度超过 45°。

c　地锚回填土层未逐层夯实，未采取避免被雨水浸泡的措施。

d　使用树木、外露岩石等作为地锚锚体。

e　地锚及拉线验收不规范，未规范设置地锚及拉线验收牌、防雨及排水设施。

f　未对地锚拉线进行定期检查，有关记录不全。

表 1-10-6　　索道地锚、拉线设置不规范问题及正确示例

| 问题示例 b1：地锚马道设置不规范 | 正确示例 b1：地锚马道设置规范 |

问题示例 b2：索道支架拉线角度超过 45°	正确示例 b2：索道支架拉线角度小于 45°

问题示例 c：索道地锚回填土未逐层夯实，未采取避免被雨水浸泡的措施	正确示例 c：索道地锚回填土逐层夯实，使用彩条布遮盖避免地锚被雨水浸泡

问题示例 d：使用树木充当索道地锚锚体	正确示例 d：索道拉线规范设置地锚

问题示例 e：地锚验收不规范，未规范设置地锚验收牌	正确示例 e：地锚、拉线投入使用前经过验收合格

二 标准规范要求

1 《国家电网有限公司特高压及直流线路工程施工专用货运索道安全管理工作指导意见》（特线路〔2021〕13号）第二十条规定"货运索道的承力地锚宜选用板式直埋地锚，山区岩石地形可采用锚杆式地锚。施工项目部应根据实际对货运索道地锚受力进行逐条验算，确定地锚位置、型式、规格、数量和埋深。"

2 《架空输电线路施工专用货运索道施工工艺导则》（Q/GDW 1418—2014）第8.2.7条规定"a）地锚规格、埋深应与施工设计一致。b）地锚使用卸扣、钢丝绳套、拉线棒规格应与施工设计一致。c）马道与钢丝绳受力方向应保持一致。d）应设置标牌注明：地锚规格、埋深、施工负责人。"

3 《国家电网有限公司电力建设安全工作规程 第2部分：线路》（Q/GDW 11957.2—2020）第11.1.6条规定"a）采用埋土地锚时，地锚绳套引出位置应开挖马道，马道与受力方向应一致。b）采用角铁桩或钢管桩时，一组桩的主桩上应控制一根拉绳。c）临时地锚应采取避免被雨水浸泡的措施。d）地锚埋设应设专人检查验收，回填土层应逐层夯实。e）地钻设置处应避开呈软塑及流塑状态的黏性土、淤泥质土、人工填土及有地表水的土质（如水田、沼泽）等不良土质。f）地钻埋设时，一般通过静力（人力）旋转方式埋入土中，应尽可能保持锚杆的竖直状态，避免产生晃动，以减少对周围土体的扰动。g）不得利用树木或外露岩石等承力大小不明物体作为受力钢丝绳的地锚。"

地锚拉线验收牌示例及现场实例图

4 《输变电工程安全文明施工规程》（Q/GDW 10250—2021）第7.2.5条规定"地锚、拉线应符合《电力建设安全工作规程（第2部分：电力线路）》DL 5009.2

等规程规范相关要求，且必须经过计算校核，地锚、拉线投入使用前必须通过验收。地锚应采取避免雨水浸泡的措施，验收合格后挂牌。地锚、拉线设置地点应设置地锚、拉线验收牌，建议尺寸为 600mm×400mm。"

5 《架空输电线路施工专用货运索道施工工艺导则》（Q/GDW 1418—2014）第 9.2.2.7 条规定"地锚应每周检查，地锚应无松动等异常情况，发现问题及时处理。"

三 防治措施

1 规范地锚计算及埋设工作。严格落实《输变电工程建设施工安全强制措施（2021 年修订版）》（基建安质〔2021〕40 号）相关要求，做好索道地锚、拉线的计算和验收工作。地锚的位置、型式、规格、数量和埋深等应根据计算校核情况进行确定。地锚绳套引出位置应开挖马道，马道应与受力方向应一致且不超过 45°，回填土层应逐层夯实，并采取避免被雨水浸泡的措施。

2 做好地锚拉线验收及日常维护工作。索道地锚、拉线在投入使用前应设专人检查验收，验收合格后在规范设置地锚、拉线验收牌，确保地锚形式、规格、埋深以及选用的卸扣、钢丝绳套、拉线棒等规格与施工方案及单基策划一致。索道地锚、拉线应每周检查，地锚应无松动等异常情况，发现问题及时进行处理。

典型问题 45 索道运行管理不到位

一 问题描述

a 索道架设完成后，未开展试运行即投入使用。

b 未见索道运行记录或记录填写不规范。

c 索道牵引机操作手无相应操作资质；牵引机操作手在牵引机未停机时离开工作岗位。

d 装卸人员在牵引机未停机状态下进入索道运行区域。

e 索道载人或超过额定运载量使用索道。

f 索道料场支架处未设置限位装置，低处料场及坡度较大的支架处未设置挡止装置。

表 1-10-7   索道运行管理不规范问题及正确示例

问题示例 d：装卸人员在牵引机未停机状态下进入索道下方

正确示例 d：索道运输过程中，下方不得站人

问题示例 e：索道载人

正确示例 e：索道用作货物运输

问题示例 f：索道限位、挡止装置设置不规范

正确示例 f：索道规范设置挡止装置

二 标准规范要求

1 《国家电网有限公司电力建设安全工作规程 第 2 部分：线路》（Q/GDW 11957.2—2020）第 9.5.6 条规定"索道架设完成后，或经长期停运使用前，应经使用单位和监理单位安全检查验收合格后才能投入试运行，索道试运行合格后，方可运行。"

2 《架空输电线路施工专用货运索道施工工艺导则》（Q/GDW 1418—2014）第 9.1.16 条规定"应按要求填写'施工货运索道运行记录表'并保存。

表 1−10−8　　　　　　　施工货运索道施工运行记录表

单位：××项目部　　　　　　　　　　　　　　　　　　运行时间：　　年　月

工程名称				索道位置（塔号）		
索道级别		索道长度		支架数		最大运重
日期	工作时长	最大运重	运行情况			负责人

3 《国网安质部关于印发公司架空输电线路施工专用货运索道安全监督管理规范（试行）》（安质二〔2018〕63 号）第二十条规定"索道使用必须落实专人专管、专人操作、专人指挥。操作人应熟悉操作流程，经培训考试合格。由具备相应操作资质的人员担任操作，无操作资质人员严禁操作。"

4 《国家电网有限公司特高压及直流线路工程施工专用货运索道安全管理工作指导意见》（特线路〔2021〕13 号）第三十一条规定"货运索道运行时，索道牵引机操作手不得离开岗位，索道牵引设备出线方向严禁站人。"

5 《国家电网有限公司电力建设安全工作规程 第 2 部分：线路》（Q/GDW 11957.2—2020）第 9.5.12 规定"索道运行过程中不得有人员在承重索下方停留。待驱动装置停机后，装卸人员方可进入装卸区域作业。"

6 《国网安质部关于印发公司架空输电线路施工专用货运索道安全监督管理规范（试行）》（安质二〔2018〕63 号）第二十五条规定"索道下方严禁站人，运行时人员应站在索道外侧。驱动装置未停机，装卸人员严禁进入装卸区域。"

7　《国网安质部关于印发公司架空输电线路施工专用货运索道安全监督管理规范（试行）》（安质二〔2018〕63号）第二十五条规定"索道运输严禁超载，严禁运送人员或装载与工作无关的物件。"

8　《国家电网有限公司电力建设安全工作规程　第2部分：线路》（Q/GDW 11957.2—2020）第9.5.14规定"索道不得超载使用，不得载人。"

9　《国网安质部关于印发公司架空输电线路施工专用货运索道安全监督管理规范（试行）》（安质二〔2018〕63号）第二十八条规定"严禁在索道运行中装料、卸料；山坡下方的装料、卸料处，应设置安全挡板；运输过程易滚、易滑和易倒的物件必须绑扎牢固，防止物料缠绕牵引索或坠物。"

10　《国家电网有限公司电力建设安全工作规程　第2部分：线路》（Q/GDW 11957.2—2020）第9.5.5条规定"索道料场支架处应设置限位装置，低处料场及坡度较大的支架处宜设置挡止装置。"

11　《架空输电线路施工专用货运索道施工工艺导则》（Q/GDW 1418—2014）第11.4条规定"索道料场支架处应设置限位防止误操作，低处料场及坡度较大的支架处宜设置挡止装置防止货车失控。"

12　《架空输电线路施工专用货运索道施工工艺导则》（Q/GDW 1418—2014）第9.1.14条规定"故障时，牵引设备必须熄火，并可靠制动；工作索应与地面保持安全距离。"

13　《国网安质部关于印发公司架空输电线路施工专用货运索道安全监督管理规范（试行）》（安质二〔2018〕63号）第三十一条规定"运行中发现有异常现象，应立即通知索道操作人员停机检查。对于任一监护点发出的停机指令，均应立即停机，待查明原因且处理完毕后方可继续运行。"

三　防治措施

1　做好索道验收及试运行工作。索道架设完成后应经使用单位和监理单位安全检查验收合格后才能投入试运行，索道试运行合格后，方可运行。索道验收及试运行合格后，应在现场显著位置竖立验收合格牌、索道参数牌、操作责任牌、操作安全技术规程、索道示意牌、安全警示牌、友情提示牌等标识标牌。

2　规范索道运行管理工作。索道投入使用后，不得超过额定运载量使用索道，应按月填写"施工货运索道运行记录表"，记录每日运行情况、最大运重、工作时长等信息。索道运输过程中应设专人监管，受力钢丝绳内角侧、承载索下方、牵引机出线方向等危险区域禁止有人逗留。牵引机操作手应持证上岗，牵引机运行期间不得离开工作岗位。索道料场支架处及低处料场和坡度较大的支架处应规范设置限位及挡止装置。严禁在索道运行中装料、卸料；山坡下方的装料、卸料处，应设置安全挡板；运输过程易滚、易滑和易倒的物件必须绑扎牢固，防止物料缠绕牵引索或坠物。索道运行中发现异常或故障现象，应立即通知索道操作人员停机检查，待查明原因且处理完毕后方可继续运行。

典型问题 46 索道未按要求维护保养

一 问题描述

a 施工项目部未对索道进行定期维护保养，未见索道维护保养记录表或记录表填写不规范。

b 施工、监理项目部未按周开展索道状态检查，业主项目部未按月开展索道专项督查，有关记录不齐全、规范。

c 索道停用超过 30 天，未放松工作索张力并锁止，未排空牵引机内冷却水和燃油，未对所有部件进行保养。

d 索道经长期停运重新启用时，未重新调试系统并进行检查及试运行。

表 1-10-9 索道未按要求维护保养问题及正确示例

| 问题示例 c：索道停运期间未锁止 | 正确示例 c：索道停运期间必须熄火，并可靠制动 |

二 标准规范要求

1 《国家电网有限公司特高压及直流线路工程施工专用货运索道安全管理工作指导意见》（特线路〔2021〕13 号）第三十三条规定"施工项目部应建立货运索道维护保养制度，配置专职维护保养人员，对索道牵引机、钢丝绳等重要部件进行定期保养，保养内容及周期参见《架空输电线路施工专用货运索道施工工艺导则》（Q/GDW 1418）。"

2 《架空输电线路施工专用货运索道施工工艺导则》（Q/GDW 1418—2014）第 9.2.1 条规定"应按要求填写'施工货运索道维护保养记录表'并保存。"

表 1–10–10　　　　　　施工货运索道维护保养记录表

单位：

工程名称			索道位置（塔号）	
维护项目		维护内容	说明	维护人
索道牵引机	变速箱	□更换润滑油 □其他维修		
	磨筒	□轴承润滑 □轴承更换		
	操纵杆机构	□活动关节润滑		
	发动机	□按说明书要求进行		
支架		□拉线松紧度 □支架连接可靠性 □支架整体稳定性		
鞍座		□鞍座轴承润滑		
高速专项滑车		□转动灵活，加油润滑		
运行小车及滑轮		□变形损伤 □滑轮轴承润滑 □抱索器螺栓		
工作索		□检查磨损断丝情况 □端部固定情况 □表面涂油及绳芯浸油 □报废，更换		
地锚		□检查地锚松动		

日期：

3 《架空输电线路施工专用货运索道施工工艺导则》(Q/GDW 1418—2014) 第9.2.2条规定"索道运行期间,要定期对地锚、承载索、牵引索等关键部位进行检查并对工作索初拉力进行调整,按要求对牵引装置、钢丝绳等重要部件进行定期保养,保养周期按《索道主要部件现场定期保养一览表》规定执行。"

表1–10–11　　　　索道主要部件现场定期保养一览表

部件名称		维护保养内容	保养周期
索道牵引机	变速箱	更换润滑油。冬季用20号齿轮油或10号机油,夏季用30号齿轮油或20号机油	
	磨筒	轴承润滑	每周一次
	操纵杆机构	用黄油或6~10号机油润滑轴、销、滑动轴承或杆销活动部分	每周一次
	发动机	按照使用说明书的要求进行	每周一次
支架		调整拉线的松紧度、支架连接的可靠性及支架整体稳定性	每周一次
运行小车及滑轮		用黄油或润滑油润滑运行小车各轴承	每月一次
工作索		检查磨损、断丝情况	每周一次
		端部固定情况	每月一次
		表面涂油及绳芯浸油	每年一次
鞍座		轴承加油润滑	每周一次
高速转向滑车		转动灵活,加油润滑	每周一次
地锚		地锚应无松动等异常情况	每天一次

4 《国网安质部关于印发公司架空输电线路施工专用货运索道安全监督管理规范(试行)》(安质二〔2018〕63号)第三十二条规定"施工项目部应落实对运输索道的维护保养制度。设置专责维护保养人员,按期对索道进行维护保养,并建立动态管理台账。施工、监理项目部应每周对索道状态进行一次全面检查,检查承载索的锚固、拉线、各种索具、索道支架并做好相关检查记录。业主项目部每月至少开展一次索道使用专项督查。"

5 《架空输电线路施工专用货运索道施工工艺导则》(Q/GDW 1418—2014) 第9.2.2.3条规定"运行小车应按每月一次检查运行小车,运行小车应无变形损伤、滑轮转动应灵活;抱索器螺栓等长期反复使用的部件定期检查,不应变形、滑丝,发现问题及时更换,做好机械设备检查、保养、更换部件记录。"

6 《架空输电线路施工专用货运索道施工工艺导则》(Q/GDW 1418—2014)

第 9.2.2.5 条规定"鞍座轴承每周应加润滑油，保持润滑。"

7 《架空输电线路施工专用货运索道施工工艺导则》（Q/GDW 1418—2014）第 9.2.2.6 条规定"高速转向滑车应每周检查，及时加油润滑，保证滑车转动灵活。"

8 《架空输电线路施工专用货运索道施工工艺导则》（Q/GDW 1418—2014）第 9.2.3 条规定"工作索需更换时，更换的钢丝绳应符合设计要求，并与索道相关部件相匹配。"

9 《架空输电线路施工专用货运索道施工工艺导则》（Q/GDW 1418—2014）第 9.2.4 条规定"索道牵引机需检修保养、调整或移动时，应停机进行；应根据季节温度差异，按规定选用油料。"

10 《架空输电线路施工专用货运索道施工工艺导则》（Q/GDW 1418—2014）第 9.1.14 条规定"故障时，牵引设备必须熄火，并可靠制动；工作索应与地面保持安全距离。"

11 《架空输电线路施工专用货运索道施工工艺导则》（Q/GDW 1418—2014）第 9.1.13 条规定"索道超过 30 天不使用时，应放松工作索张力，排空牵引装置内冷却水和燃油，并对所有部件进行保养。停用期间，应派专人看护。重新启用时，应重新调试系统并进行检查及试运行。"

三 防治措施

1 落实索道定期维护保养制度。配置索道专职维护保养人员，在索道运行期间，按期对地锚、承载索、牵引索等关键部位进行检查并对工作索初拉力进行调整，按要求对牵引装置、钢丝绳等重要部件进行定期保养，按要求填写"施工货运索道维护保养记录表"等动态管理台账。

2 规范开展索道检查及督查工作。施工、监理项目部应每周对索道状态进行一次全面检查，检查承载索的锚固、拉线、各种索具、索道支架并做好相关检查记录。业主项目部每月至少开展一次索道使用专项督查，发现问题及时督促整改闭环，促进索道运输管理的安全性和规范性。

3 严格索道停用及重新启用管理。索道超过 30 天不使用时，应放松工作索张力并对工作索进行锁止，排空牵引装置内冷却水和燃油，对所有部件进行保养。索道停用期间，应派专人进行看护，确保索道部件及索道整体的安全性。索道重新启用时，应重新调试系统并进行检查和试运行，合格后方能投入使用。

1.11 班组驻地管理典型问题及防治措施

典型问题 47 上墙图牌不标准

一 问题描述

a 班组驻地未悬挂班组铭牌。

b 班组驻地公用活动区未悬挂工程建设目标、岗位责任牌或应急联络牌等标牌。

c 应急联络牌联系方式等内容未及时更新或存在错误。

d 标牌颜色不规范。

表 1-11-1　　　　上墙图牌不规范问题及正确示例

 |

| 问题示例 a：班组驻地未悬挂班组铭牌 | 正确示例 a：班组驻地悬挂班组铭牌 |

 |

| 问题示例 b：班组驻地公用活动区未悬挂工程建设目标、岗位责任牌或应急联络牌等标牌 | 正确示例 b：组驻地公用活动区悬挂工程建设目标、岗位责任牌或应急联络牌等标牌 |

问题示例 c：应急联络牌中缺少救援路径图，联系人及联系方式未填写	正确示例 c：应急联络牌准确标识救援路径图、联系人及联系方式

二 标准规范要求

1 《国家电网有限公司输变电工程建设施工作业层班组建设标准化手册》（基建安质〔2021〕26号）第2.6.1条规定"班组驻地须经项目部认可后悬挂班组铭牌，铭牌材质建议采用不锈钢板材，名称可采用车贴刻字，以便于重复使用，班组进场后以项目部文件形式进行命名，实行统一管理。"

2 《国家电网有限公司输变电工程建设施工作业层班组建设标准化手册》（基建安质〔2021〕26号）第2.6.2条规定"班组驻地公用活动区悬挂工程建设目标、应急联络牌、施工风险管控动态公示牌、班组骨干人员公示牌等。"

3 《输变电工程建设安全文明施工规程》（Q/GDW 10250—2021）第6.2.3.4条规定"b）驻地办公室（会议室）内应悬挂岗位责任牌、应急联络牌、消防制度标牌、食堂卫生制度和公示栏；c）在班组驻地条件允许的情况下，可选择增加与工程建设相关的标牌。"

三 防治措施

1 强化班组驻地标准化建设，施工项目部应在班组驻地设置前对班组标准化建设提出要求并予以指导，提前做好班组驻地上墙图牌等策划工作。

2 对施工分包单位、班组骨干进行班组驻地安全文明标准化建设培训，督促其规范布置班组驻地。

3 监理、施工做好班组驻地标准化建设监督，施工班组驻地标准化建设管理纳入日常安全检查和定期检查，对存在的问题及时完成整改。

典型问题 48 住宿条件不达标

一 问题描述

a 宿舍卫生未及时打扫，杂物摆放混乱。

b 宿舍用电存在私拉乱接、人走电器设备未断电等情况。

c 宿舍配备灭火器存在数量不足、未设置标准架箱或定期检查记录未按时填写等问题。

表 1-11-2　　住宿房间管理及内设混乱问题及正确示例

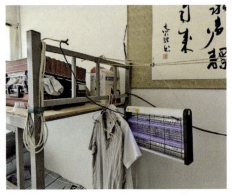

| 正确示例 a：班组宿舍整洁、整齐、卫生 | 问题示例 b：宿舍用电存在私拉乱接、人走电器设备未断电情况 |

二 标准规范要求

1 《输变电工程建设安全文明施工规程》（Q/GDW 10250—2021）第 6.2.3.5 条规定"班组生活区设置应符合下列要求：a）员工生活区应保持干净、整洁、卫生，夏、冬季要有降温、保暖措施，确保人员休息好、生活好；b）现场生活区宜提供洗浴、盥洗设施，且能满足班组人员的日常洗漱需求；班组应配备急救器材、常用药品箱；c）生活区内应有卫生间，并经常打扫，无异味。"

2 《建筑与市政工程施工现场临时用电安全技术标准》（JGJ/T 46—2024）第 9.3.2 条规定"室外 220V 灯具距地面不应低于 3m，室内 220V 灯具距地面不应低于 2.5m。普通灯具与易燃物距离不宜小于 300mm；对于自身发热较高灯具与易燃物距离不宜小于 500mm，且不得直接照射易燃物。达不到规定安全距离时，应采取隔热措施。"

3 《建筑与市政工程施工现场临时用电安全技术标准》（JGJ/T 46—2024）第 9.3.8 条规定"灯具内的接线应牢固，灯具外的接线必须做可靠的防水绝缘包扎。"

4 《国家电网有限公司输变电工程建设施工作业层班组建设标准化手册》（基建安质〔2021〕26 号）第 2.6.2 条规定"（1）易燃易爆物品、仓库、宿舍、办公区、加工区、配电箱及重要机械设备附近，按规定配备合格、有效的消防器材，并放在明显、易取处。消防器材使用标准的架、箱，应有防雨、防晒措施，每月检查并记录检查结果，定期检验，保证处于合格状态。按照相关规定，根据消防面积、火灾风险等级设置，数量配置充足。（2）消防设施应符合《施工现场消防安全管理条例》中相关规定，按要求配备相应的消防安全器具，确保消防设施和器材的完好有效，保持消防通道畅通。（3）宿舍、办公用房在 200m² 以下时应配备两具 MF/ABC3 灭火器，每增加 100m² 时，增配一具 MF/ABC3 灭火器。会议室、食堂、配电房等须单独配置两具 MF/ABC3 灭火器。材料库须单独配置四具 MF/ABC3 灭火器。（4）灭火器应设置在位置明显和便于取用的地点。灭火器的摆放应稳固，其铭牌朝外。灭火器设置在室外时，应有相应的保护措施，并在灭火器的明显位置张贴灭火器编号标牌及使用方法。"

三 防治措施

1 加强对班组驻地住宿环境要求和管理，保持宿舍安全、整洁、卫生，满足日常生活条件。

2 组织对施工班组进行用电、消防安全技术培训，规范班组驻地用电、消防布置。

3 施工班组驻地住宿条件、用电、消防等管理纳入日常安全检查和定期检查，存在的问题及时完成整改。

典型问题 49 食堂管理不到位

一 问题描述

a 驻地未专门设置食堂,如宿舍兼做食堂和厨房操作间。

b 驻地食堂不整洁,厨房设施、卫生设施不齐全。

c 厨师未按规定体检并取得健康证。

表 1–11–3 食堂管理不规范问题及正确示例

问题示例 b:驻地食堂不整洁,厨房设施、卫生设施不齐全	正确示例 b:驻地食堂整洁,厨房设施、卫生设施齐全

二 标准规范要求

1 《输变电工程建设安全文明施工规程》(Q/GDW 10250—2021)第 6.2.3.2 条规定"班组驻地应设置办公室(会议室)、员工宿舍、员工食堂、独立区域的机具材料库房等,以满足作业层班组日常生活、食宿和工器具堆放要求。"

2 《输变电工程建设安全文明施工规程》(Q/GDW 10250—2021)第 6.2.3.5 条规定"d)班组食堂应做到干净整洁,符合卫生防疫及环保要求;炊事人员应按规定体检,并取得健康证,工作时应穿戴工作服、工作帽。"

三　防治措施

1　班组驻地合理设置食堂，加强对班组驻地食堂安全、环境卫生管理，相关生活设施、安全设施配置齐全。

2　保持食堂安全、整洁、卫生，满足日常使用条件，炊事人员定期体检并取得健康证。

3　组织对施工班组进行用电、消防、易燃易爆品安全技术培训，规范班组食堂用电、消防管理。

4　施工班组食堂环境卫生条件、用电和消防管理、厨师健康管理等纳入日常安全检查和定期检查，存在的问题及时完成整改。

典型问题 50　未规范设置独立库房

一　问题描述

a　施工班组驻地未设置独立区域的机具材料库房。

b　工器具、材料混放，标识牌不齐全。

c　不合格或超试验周期的工器具未单独存放并设置禁止使用标识。

d　未建立独立库房管理台账或台账未及时更新。

表 1-11-4　　独立库房管理不规范问题及正确示例

| 问题示例 a：施工班组驻地未设置独立库房 | 正确示例 a：施工班组驻地设置独立库房 |

续表

| 问题示例 b：工器具、材料混放，标识牌不齐全 | 正确示例 b：工器具、材料分区存放，标识牌齐全 |

| 问题示例 c：不合格或超试验周期的工器具未单独存放并设置标识 | 正确示例 c：不合格或超试验周期的工器具单独存放并设置禁止使用标识 |

二 标准规范要求

1 《输变电工程建设安全文明施工规程》（Q/GDW 10250—2021）第 6.2.3.2 条及《国家电网有限公司输变电工程建设施工作业层班组建设标准化手册》（基建安质〔2021〕26 号）第 2.6 条规定"班组驻地应设置办公室（会议室）、员工宿舍、员工食堂、独立区域的机具材料库房等，以满足作业层班组日常生活、食宿和工器具堆放要求。"

2 《国家电网有限公司输变电工程建设施工作业层班组建设标准化手册》（基建安质〔2021〕26 号）第 2.6.6 条规定"（1）班组应设置独立的施工工具、安全工具（含绝缘工器具、防护工器具、文明施工设施）临时摆放区域，用货架摆放整 16 齐，定置管理，标识清楚、规范，并应有防火、防潮、防虫蛀、防损坏等可靠措施。场地条件允许的，可设置独立库房对工器具和材料进行管理。（2）进场设备材料应按分区堆放和管理，不得随意更换位置，堆放要整齐、有序、有标识。各现场材料和工器具等应表面清洁、摆（挂）放整齐、标识齐全、稳固可靠，中、小型机具露天存放应设防雨设施。（3）设专人管理，建立工具定期检查和预防性试验台帐，做到账、卡、物相符，试验报告、检查记录齐全。每月例行检查、维护，确保工具完好，发现不合格或超试验周期的应另外存放并做出禁止使用标识。"

三 防治措施

1 施工班组驻地规范设置独立库房并由专人进行管理，建立物资台账并定期更新。

2 独立库房材料、机具、安全工器具等分类存放，表面整洁、摆放整齐、标识齐全。

3 施工班组驻地独立库房管理纳入日常安全检查和定期检查，对存在的问题及时整改。

4 监理、施工做好班组独立库房管理监督，强化对施工班组驻地的标准化管理。

典型问题 51 临时工棚设置不规范

一 问题描述

a 临时工棚设置在电力线下方。

b 基础养护工棚缺少一氧化碳检测仪器。

表 1-11-5 临时工棚设置不规范问题及正确示例

| 问题示例 a：临时工棚设置在电力线下方 | 正确示例 a：临时工棚设置在宽敞、安全区域 |

117

续表

问题示例 b：基础养护工棚缺少一氧化碳检测仪器	正确示例 b：基础养护工棚配备合格的一氧化碳检测仪器

二　标准规范要求

1 《国家电网有限公司电力建设安全工作规程　第 2 部分：线路》（Q/GDW 11957.2—2020）第 6.2.3 条规定"临时库房的设立或建造：b）结构应坚固、可靠。根据存放物品的特性，应采用相应的耐火等级材料建造，并配备适用的消防器材。d）不宜建在电力线下方。如需在 110kV 及以下电力线下方建造时，应经线路运行单位同意。"

2 《国家电网有限公司电力建设安全工作规程　第 2 部分：线路》（Q/GDW 11957.2—2020）第 7.4.2.8 条规定"严寒季节采用工棚保温措施施工应遵守下列规定：a）使用锅炉作为加温设备，锅炉应经过压力容器设备检验合格。锅炉操作人员应经过培训合格、取证。b）工棚内养护人员不能少于 2 人，应有防止一氧化碳中毒、窒息的措施。c）采用苫布直接遮盖、用炭火养护的基础，应留有通风口，加火或测温人员应先打开苫布通风，并测量一氧化碳和氧气浓度，达到符合指标时，才能进入基坑，同时坑上应设置监护人员。"

三 防治措施

1 施工项目部应严格落实安全文明施工标准化布置要求，临时工棚位置合理，设置规范、整齐、美观。

2 临时工棚设置位置应避免在电力线下方，确需在 110kV 及以下电力线下方建造时，应经线路运行单位同意。

3 基础养护工棚应留有通风口，配备一氧化碳检测仪器。

4 现场检查应覆盖临时工棚，发现临时工棚存在安全隐患，应及时处理。

1.12 安全文明施工典型问题及防治措施

典型问题 52 作业区域设置不满足要求

一 问题描述

a 施工作业区域划分未按施工方案和单基策划要求合理划分。

b 施工场地未封闭管理。

c 吊车等施工机械作业划定区域不满足方案划定的作业区域范围。

表 1−12−1　作业区域设置不满足要求问题及正确示例

| 问题示例 a：施工作业区域未按施工方案和单基策划进行划分 | 正确示例 a：施工作业区域按照施工方案和单基策划要求划分，满足施工需求 |

问题示例 b：施工场地未封闭管理

正确示例 b：施工现场合理布置、封闭管理

问题示例 c：吊车作业区域与施工方案不一致

正确示例 c：吊车按照施工方案划定作业区域范围

二　标准规范要求

1　《输变电工程建设安全文明施工规程》（Q/GDW 10250—2021）第 5.1.1.1 条规定"危险区域与人员活动区域之间、带电设备区域与施工区域之间、施工作业区域与非施工作业区域之间、地下穿越入口和出口区域、建筑物高处临边和人员作业区域之间、设备材料堆放区域与施工区域之间，应使用安全围栏实施有效的隔离。"

2　《输变电工程建设安全文明施工规程》（Q/GDW 10250—2021）第 7.2.1.1 条规定"基础开挖、杆塔组立、张力场、牵引场、导地线锚固等场地应实行封闭管理。应采用安全围栏进行围护、隔离、封闭。"

3　《国家电网有限公司电力建设安全工作规程　第 2 部分：线路》（Q/GDW 11957.2—2020）第 7.2.10 条规定"起重机应配备灭火装置，操作室应铺橡胶绝缘带，不得存放易燃物品及堆放有碍操作的物品，非操作人员不得进入操作室；起重作业应划定作业区域并设置相应的安全标志，无关人员不得进入。"

三 防治措施

1 根据施工方案和单基策划合理布设现场施工作业区域，满足现场作业及安全文明施工需求。

2 吊车作业区域划分范围需满足吊车作业安全范围要求，无关人员不得进入吊车作业区域。

3 基础开挖、杆塔组立、张力场、牵引场、导地线锚固等场地实行封闭管理，采用安全围栏进行围护、隔离、封闭。

4 落实施工现场安全文明施工区域划分、布置要求，现场开展常态化安全文明施工标准化建设检查，存在的问题或安全隐患及时整改消除。

典型问题 53 施工图牌设置不标准

一 问题描述

a 施工现场标志牌、标识牌、宣传牌等图牌不全。

b 施工现场风险公示牌内容与存在的安全风险不一致。

c 施工现场安全警示标志牌悬挂顺序混乱、不规范。

表 1-12-2 施工图牌设置不满足要求问题及正确示例

问题示例 a：施工现场缺少应急救援联络牌

正确示例 a：施工现场标志牌、标识牌、宣传牌等图牌齐全

续表

| 问题示例 c：施工现场安全警示标志牌悬挂顺序混乱 | 正确示例 c：施工现场安全警示标志牌按警告、禁止、指令、提示（黄～红～蓝～绿）顺序排列 |

二　标准规范要求

1 《输变电工程建设安全文明施工规程》（Q/GDW 10250—2021）第 7.1.6.1 条规定"标识牌包含设备、材料、物品、场地区域标识、操作规程、风险管控等。"

2 《输变电工程建设安全文明施工规程》（Q/GDW 10250—2021）第 7.1.6.3 条规定"设备状态牌用于表明施工机械设备状态，分完好机械、待修机械及在修机械三种状态牌。可采用支架、悬挂、张贴等形式（建议规格为 300mm×200mm 或 200mm×140mm。a）机械完好状态牌中部为蓝色（C100）底部为绿色（C100 Y100）；b）机械待修状态牌中部为蓝色（C100）、底部为黄色（Y100）；c）机械在修状态牌中部为蓝色（C100）、底部为红色（M100 Y100）。"

3 《输变电工程建设安全文明施工规程》（Q/GDW 10250—2021）第 7.1.6.4 条规定"材料/工具状态牌：用于表明材料/工具状态，分完好合格品、不合格品两种状态牌。(建议规格为 300mm×200mm 或 200mm×140mm)。a)合格品标识牌中部为蓝色（C100）、底部为绿色（C100 Y100）；b）不合格品标识牌中部为蓝色（C100）、底部为红色（M100 Y100）。"

4 《输变电工程建设安全文明施工规程》（Q/GDW 10250—2021）第 7.1.6.6 条规定"现场所有的标志牌、标识牌、宣传牌等制作标准、规范，宜采用彩喷绘制，颜色应符合《安全色》GB 2893 要求；标志牌、标识牌框架、立柱、支撑件，应使用钢结构或不锈钢结构；标牌埋设、悬挂、摆设要做到安全、稳固、可靠，做到规范、标准。标志牌悬挂顺序应按照《安全标志及其使用导则》GB 2894 要求，按警告、禁止、指令、提示（黄～红～蓝～绿）类型的顺序，先左后右或先上后下地排列。"

三 防治措施

1 施工现场按照安全文明施工标准化要求进行布置，标牌设置齐全、规范、标准、美观。

2 现场标牌布置合理，标牌内容与现场施工安全风险对应。

3 及时替换缺失、损坏、错误的各类宣传、标识、标志牌。

4 监理、施工项目部做好施工现场安全文明施工标准化布置监督检查，检查中发现的图牌问题及时整改闭环。

典型问题 54　施工作业人员着装不规范

一 问题描述

a 施工作业人员穿拖鞋、凉鞋、高跟鞋或者短袖上衣、短裤、裙子等进入施工现场。

b 同一施工现场的作业人员着装不统一。

c 高处作业人员未穿软底防滑鞋。

表 1-12-3　　　施工作业人员着装不规范问题及正确示例

| 问题示例 a：作业人员在施工现场穿着短袖 | 正确示例 a：现场作业人员规范着装 |

二　标准规范要求

1 《国家电网有限公司电力建设安全工作规程　第 2 部分　线路》（Q/GDW 11957.2—2020）第 6.1.2 条规定"进入施工现场的人员应正确佩戴安全帽，根据作业工种或场所需要选配个体防护装备。施工作业人员不得穿拖鞋、凉鞋、高跟鞋，以及短袖上衣、短裤、裙子等进入施工现场。不得酒后进入施工现场。与施工无关的人员未经允许不得进入施工现场。"

2 《输变电工程建设安全文明施工规程》（Q/GDW 10250—2021）第 5.2.2 条规定"工作服应按劳动防护用品规定制作或采购。a）材质要求：工作服应具有透气、吸汗及防静电等特点，一般宜选用棉制品；b）使用要求：除焊工等有特殊着装要求的工种外，同一单位在同一施工现场的员工应统一着装。"

3 《国家电网有限公司电力建设安全工作规程　第 2 部分　线路》（Q/GDW 11957.2—2020）第 7.1.1.4 条规定"高处作业人员应衣着灵便，穿软底防滑鞋，并正确佩戴个人防护用具。"

三　防治措施

1 施工现场作业人员应规范穿着工作服，除焊工等有特殊着装要求的工种外，同一单位在同一施工现场的员工应统一着装。

2 高处作业人员应衣着灵便，穿软底防滑鞋；焊接或切割操作人员应穿戴专用工作服、绝缘鞋、防护手套，衣着不得敞领、卷袖。

3 班组骨干、驻队监理现场每日站班会时对作业人员衣着进行检查，衣着不符合要求的人员禁止作业。

4 现场检查发现作业人员着装不规范情况，应立即整改纠正，并对其进行批评教育。

典型问题 55 现场材料堆放杂乱

一 问题描述

a 基础施工现场钢筋、钢筋笼、地脚螺栓等随意散乱堆放。

b 组塔现场塔材、连板、螺栓等未分类、整齐存放。

c 山区塔材或已组塔片顺斜坡堆放。

d 架线施工现场金具、绝缘子、线盘等未分类、整齐摆放。

表 1-12-4 现场材料堆放混乱问题及正确示例

| 问题示例 a：基础施工现场地脚螺栓随意散乱堆放 | 正确示例 a：基础施工现场材料摆放整齐有序 |

问题示例 b：组塔现场塔材、螺栓等摆放散乱 | 正确示例 b：组塔现场塔材、连板、螺栓等分类、整齐存放

问题示例 c：山区已组塔片或塔材顺斜坡堆放

正确示例 c：山区已组塔片或塔材放置平稳

问题示例 d：架线施工现场材料堆放混乱

正确示例 d：架线施工现场材料分类、整齐摆放

二　标准规范要求

1 《输变电工程建设安全文明施工规程》（Q/GDW 10250—2021）第 5.2.2 条规定 "7.2.7.2 施工机具、材料应分类放置整齐，并做到标识规范、铺垫隔离。"

2 《国家电网有限公司电力建设安全工作规程　第 2 部分　线路》（Q/GDW 11957.2—2020）第 11.3.5 条规定 "山地铁塔地面组装时应遵守下列规定：a）塔材不得顺斜坡堆放。"

三 防治措施

1 施工现场按照安全文明施工标准化要求，对各类施工材料、工器具进行分类、整齐摆放，标识规范。

2 山地铁塔地面组装时塔材不得顺斜坡堆放，山坡上的塔片垫物应稳固，且应有防止构件滑动的措施。

3 每日站班会对材料、工器具摆放要求进行交底，有序开展施工作业。

4 各级现场检查发现材料、工器具管理不规范情况，应及时组织进行整改。

1.13 环水保施工典型问题及防治措施

典型问题 56 表土剥离及保护不到位

一 问题描述

a 施工作业前未进行表土剥离。

b 剥离的表土未进行铺垫隔离、苫盖、单独存放。

表 1-13-1　　　　　表土剥离及保护不到位问题及正确示例

| 问题示例 a：作业前未进行表土剥离 | 正确示例 a：作业前按要求进行表土剥离 |

续表

| 问题示例 b：剥离的表土存放不规范 | 正确示例 b：剥离的表土规范存放 |

二　标准规范要求

1　《架空输电线路水土保持设施验收规程》（DL/T 5857—2022）第 4.2.3 条规定"表土保护应在施工前将基面开挖、永久堆土等占压区域表土全部剥离，剥离的表土应采取装袋、铺垫、苫盖或拦挡保护。"

2　《输变电建设项目环境保护技术要求》（HJ 1113—2020）第 7.3.2 条规定"输变电建设项目施工占用耕地、园地、林地和草地，应做好表土剥离、分类存放和回填利用。"

3　《输变电工程绿色建造指引（2.0 版）》（国家电网基建〔2023〕292 号）第 11.4.2.3 条规定"土石方堆放时底部应设置隔离措施，做到生熟土分开，并做防护坎，减少水土流失。基础回填时，应先回填生土，后回填熟土，并进行地貌复原。"

三　防治措施

1　作业人员进场教育培训时对工程环水保要求及针对性防治措施进行全面交底，每日站班会重申施工现场环水保要求以及需落实的防治措施。

2　单基策划中明确表土存放区域，制定合理有效的表土保护措施。

3　监理项目部应将工程环水保要求纳入"单基放行表"检查项目，对未进行表土剥离的塔基禁止进场施工。

典型问题 57　施工扰动范围超出策划

一　问题描述

a　施工进场道路或施工作业面扰动范围随意扩大。

b　山区土石方施工存在溜坡、溜渣现象。

表 1-13-2　　施工扰动范围超出策划问题及正确示例

| 问题示例 a1：施工进场道路范围随意扩大 | 正确示例 a1：规范划定施工进场道路范围 |

| 问题示例 a2：施工作业面随意扩大 | 正确示例 a2：规范划定施工作业面范围 |

续表

问题示例 b：山区土石方施工溜坡溜渣	正确示例 b：山区施工采取铺垫、拦挡等措施防止溜坡溜渣

二 标准规范要求

1 《生产建设项目水土保持技术标准》（GB 50433—2018）第3.2.8条规定"施工活动应控制在设计的施工道路、施工场地内。"

2 《架空输电线路水土保持设施验收规程》（DL/T 5857—2022）第4.2.8条规定"根据现场实际情况、结合设计要求，合理选取余土处理方式，项目区余土可采用就地摊平、挡渣墙内堆置和外运综合利用等方式处理，不应随意倾倒、弃渣溜坡。"

三 防治措施

1 根据临时占地及环水保要求，合理规划运输路线、合理选择运输方式及施工机械、优化施工场地布置。

2 针对山区土石方施工，应合理选择余土外运方式，开挖过程中做好余土、余石的平整及拦挡措施。

3 单基策划中明确施工进场道路及施工作业面范围，采取设置标识牌、安全围栏等方式对作业范围进行划分、明确。

4 驻队监理应对照环水保措施专项设计及一塔一图方案要求，对现场环水保措施执行情况进行核查，及时发现问题，并要求施工项目部整改。

油料污染地表

一 问题描述

a 涉油机械设备下方未设置隔离铺垫设施或隔离铺垫设施破损。

表 1–13–3 油料污染地表问题及正确示例

问题示例 a：机械设备漏油污染地面	正确示例 a：采取隔油盒（槽）隔离油污

二 标准规范要求

1 《建筑工程绿色施工规范》（GBT 50905—2014）第 3.3.4 条规定"施工和机械设备使用和检修时，应控制油料污染；清洗机具的废水和废油不得直接排放。"

2 《输变电建设项目环境保护技术要求》（HJ 1113—2020）第 7.3.7 条规定"施工现场使用带油料的机械器具，应采取措施防止油料跑、冒、滴、漏，防止对土壤和水体造成污染。"

3 《输变电工程绿色建造指引（2.0 版）》（国家电网基建〔2023〕292 号）第 11.4.1.11 条规定"施工机械应设置隔油布，防止油污渗漏对水体、土壤的污染。"

三 防治措施

1 加强涉油机械、机具的进场管理，采购、使用符合国家标准的施工机具。

2 应对现场涉油机具进行定期的维护和保养，检查机械的运行情况和零部件密封情况，防止机械出现漏油现象。

3 按要求投入环水保防治设施，针对作业现场涉油的全部机械采取合理有效的防治措施。

4 监理项目部应对施工报审的施工机具进行进场前审查，建立管理台账，并对现场在用机具的使用情况进行定期检查。

典型问题 59 生产生活垃圾处置不当

一 问题描述

a 现场垃圾未分类集中收集。

b 现场垃圾未及时清运。

表 1-13-4　　　　生产生活垃圾污染问题及正确示例

正确示例 a：现场垃圾分类集中收集	问题示例 b：现场垃圾未及时收集清运

二 标准规范要求

1 《输变电建设项目环境保护技术要求》（HJ 1113—2020）第 7.6.1 条规定"施工过程中产生的土石方、建筑垃圾、生活垃圾应分类集中收集，并按国家和地方有关规定定期进行清运处置，施工完成后及时做好迹地清理工作。"

2 《输变电建设项目环境保护技术要求》（HJ 1113—2020）第 7.5.4 条规定"施工现场禁止将包装物、可燃垃圾等固体废弃物就地焚烧。"

三 防治措施

1 施工项目部应加强现场作业人员的环水保培训力度，强化现场人员环保意识。

2 施工项目部应在施工现场设置分类垃圾箱对生活垃圾进行集中收集和存放，垃圾箱的数量应根据现场实际情况进行配置。

3 施工现场产生的建筑及生活垃圾应进行及时清运，清运路线、清运地点应符合地方相关规定，严禁就地焚烧。清运的垃圾要封闭严密后方可出场，避免在清运过程中造成二次污染。

典型问题 60　植被恢复不到位

一 问题描述

a 施工完毕后未及时采取植被恢复措施。

b 植被恢复效果差，迹地存在较大面积裸露。

表 1-13-5　　　植被恢复不到位问题及正确示例

问题示例 a：施工完毕后未及时植被恢复	正确示例 a：施工完毕后及时播撒草籽

续表

| 问题示例 b：植被恢复效果差，存在大面裸露 | 正确示例 b：植被恢复效果良好 |

二　标准规范要求

1　《架空输电线路水土保持设施验收规程》（DLT 5857—2022）第 4.2.10 条规定"植被建设工程可采取造林、种草等方式进行，树种和草种的选择应符合设计要求。"

2　《输变电项目水土保持技术规范》（SL 640—2013）第 5.1.5 条规定"塔基区、施工便道等项目建设区扰动范围内，应恢复迹地或植树种草绿化。"

3　《输变电项目水土保持技术规范》（SL 640—2013）第 6.2.6 条规定"牵张场地、施工场地等各种临时占地区域施工结束后应恢复原地貌或土地原有功能。"

4　《电网建设项目施工项目部环境保护和水土保持标准化管理手册》（线路工程分册）第 2.1.3 条"典型问题整治（4）植被恢复不到位。"

三　防治措施

1　做好前期的表土剥离存放工作，余土平摊时，应分层回填，使生土置于底层，熟土置于表面，避免植被恢复困难。

2　基础阶段施工完毕后，及时清理废弃碎石，铁塔组立阶段启动播撒草籽工作，为植被恢复提供良好环境。

3　根据当地的气候特征、土质情况，按照设计及水保方案要求择优选择草种及播撒季节。

4　监理项目部应对现场植被恢复情况进行定期巡视检查，做好记录，督促施工单位及时整改。

典型问题 61 挡墙、护坡不合格

一　问题描述

a　浆砌石挡墙未设置泄水孔。

b　浆砌石挡墙墙体开裂。

表 1-13-6　　　挡墙、护坡不合格问题及正确示例

| 问题示例 a：浆砌石挡墙未设置泄水孔 | 正确示例 a：浆砌石挡墙规范设置泄水孔 |

| 问题示例 b：浆砌石挡墙墙体开裂 | 正确示例 b：浆砌石挡墙墙体质量良好，符合设计要求 |

二 标准规范要求

1 《输变电项目水土保持技术规范》（SL 640—2013）第 5.3.8 条规定"山丘区塔基设计拦挡及护坡工程时，应做好排水系统。"

2 《架空输电线路水土保持设施验收规程》（DLT 5857—2022）第 4.2.4 条规定"拦渣工程宜采用浆砌石挡墙，施工位置及质量应符合施工图设计要求。"

三 防治措施

1 施工项目部应选派专业施工队伍进行挡墙、护坡施工，施工前做好设计图纸交底，现场严格按照图纸进行施工。

2 对挡墙、护坡施工过程进行监督，及时测量相关尺寸，保证施工质量。

3 施工、监理项目部应在挡墙、护坡施工完成后进行验收，对验收不合格的及时进行整改。

4 施工项目部应在工程投运前对全线涉及挡墙、护坡的塔基进行专项检查，对存在质量缺陷的应制定相应的整改措施，及时整改到位。

2

基础工程

2.1　人工挖孔基础施工典型问题及防治措施

典型问题 62　深基坑作业一体化装置使用不规范

一　问题描述

a　未使用或拆解使用深基坑作业一体化装置。

b　作业人员未使用梯子上下基坑。

c　上下传递工器具未使用传递绳或吊物绳。

d　桩孔料筒口前未设置限位横木。

表 2-1-1　深基坑作业一体化装置使用不规范问题及正确示例

问题示例 a：现场未使用或拆解使用深基坑作业一体化装置

正确示例 a：现场配备使用深基坑作业一体化装置

问题示例 b：作业人员上下基坑防护措施不到位

正确示例 b：施工人员上下基坑使用软梯及防坠器

续表

| 问题示例 c：上下传递工器具未使用传递绳或吊物绳 | 正确示例 c：上下传递工器具使用传递绳 |

| 问题示例 d：桩孔料筒口前未设置限位横木 | 正确示例 d：桩孔料筒口前正确设置限位装置 |

二　标准规范要求

1《输变电工程建设施工安全强制措施（2021 年修订版）》（基建安质〔2021〕40 号）"五禁止实施要求"规定"人工掏挖基础、挖孔桩作业，施工作业层班组负责人负责领用深基坑作业一体化装置，并在作业前对全体作业人员进行交底，组织正确操作深基坑作业一体化装置。"

2《国家电网有限公司电力建设安全工作规程　第 2 部分：线路》（Q/GDW 11957.2—2020）第 10.4.2.4 条规定"施工人员上下应使用梯子，并同时使用防坠器，不得乘用提土工具。"

3 《输变电工程建设施工安全风险管理规程》（Q/GDW 12152—2021）第 04030700 条规定"人工挖扩桩孔（含清孔、验孔），凡下孔作业人员均需戴安全帽，腰系安全绳，必须从专用爬梯上下，严禁沿孔壁或乘运土设施上下。"

4 《国家电网有限公司电力建设安全工作规程 第 2 部分：线路》（Q/GDW 11957.2—2020）第 7.1.1.8 条规定"高处作业所用的工具和材料应放在工具袋内或用绳索拴在牢固的构件上，较大的工具应系保险绳。上下传递物件应使用绳索，不得抛掷。"

5 《国家电网有限公司电力建设安全工作规程 第 2 部分：线路》（Q/GDW 11957.2—2020）第 10.4.2.1 条规定"人力挖孔和机动绞磨提土操作应设专人监护，并密切配合。提土机构应有防倒转装置。"

6 《国家电网有限公司电力建设安全工作规程 第 2 部分：线路》（Q/GDW 11957.2—2020）第 10.3.12 条规定"用手推车运送混凝土时，倒料平台口应设挡车措施。倒料时不得撒把。"

三 防治措施

1 人工挖孔基础施工规范使用深基坑作业一体化装置，遵守人工挖孔作业要求，做好孔洞、临边防护措施，坚决杜绝违章作业。

2 施工项目部应组织施工班组提前进场，熟悉现场作业环境，对作业任务、作业流程、危险点、安全措施开展全员集中教育和针对性现场交底，并由交底人员对现场每位作业人员进行考问，确保"四清楚"。每日站班会，工作负责人应清点当日所有作业人数，明确人员分工和作业点位。

3 作业期间，相关管理人员做好现场监督检查，业主项目部应每日至少开展一次到岗到位检查，监理项目部人员应全程旁站。

典型问题 63 有限空间作业管控不到位

一 问题描述

a 未配备或未使用通风设备、有害气体检测装置，未执行"先通风、再检测、后作业"。

b 通风装置损坏，或送风不畅、风机规格不满足要求、送风管长度不满足要求。

c 有限空间作业无监护人。

表 2-1-2　　　　　　有限空间作业不规范问题及正确示例

问题示例 a：有限空间作业未使用通风设备

正确示例 a：有限空间作业规范使用合格通风设备

问题示例 b：有限空间作业强制送风不畅

正确示例 b：有限空间作业强制送风设备设置合理、送风顺畅

问题示例 c：孔内作业未设专人监护

正确示例 c：孔内作业设专人监护

二　标准规范要求

1　《国家电网有限公司电力建设安全工作规程　第 2 部分：线路》（Q/GDW 11957.2—2020）第 10.1.1.3 条规定"在深坑作业应采取可靠的防坍塌措施，坑内的通风应良好。在作业中应定时检测是否存在有害气体或异常现象，发现危险情况应立即停止作业，采取可靠措施后，方可恢复施工。"

2　《国家电网有限公司有限空间作业安全工作规定试行》第二十条规定"有限空间作业应当严格遵守'先通风、再检测、后作业'的原则。检测指标包括氧浓度、易燃易爆物质（可燃性气体、爆炸性粉尘）浓度、有毒有害气体浓度。检测应当符合相关国家标准或者行业标准的规定，并做好记录。未经通风和检测合格，任何人员不得进入有限空间作业。检测的时间不得早于作业开始前 30min。"

3　《国家电网有限公司有限空间作业安全工作规定》第二十五条规定"有限空间作业过程中，应当始终采取通风措施，保持空气流通，禁止采用纯氧通风换气。在有限空间内进行涂装、防水、防腐、明火及热熔焊接作业，以及在电缆井、隧道内等场所检修施工时，作业过程中应进行连续机械通风。"

4　《国家电网有限公司有限空间作业安全工作规定试行》第十七条规定"作业单位应按照审批的施工作业方案，明确有限空间作业负责人、监护人和作业人员，严禁在没有监护的情况下作业。"

5　《国家电网有限公司关于印发十八项电网重大反事故措施（修订版）》（国家电网设备〔2018〕979 号）第 1.1.2.8 条规定"对于有限空间作业，必须严格执行作业审批制度，有限空间作业的现场负责人、监护人员、作业人员和应急救援人员应经专项培训。监护人员应持有限空间作业证上岗；作业人员应遵循'先通风、再检测、后作业'的原则。作业现场应配备应急救援装备，严禁盲目施救。"

三　防治措施

1　规范开展有限空间作业风险辨识、评估和管控工作，针对性制定和落实有限空间作业安全防范措施。

2　根据有限空间作业特点，配备符合要求的检测报警仪器、通风设备、个人防护用品、通信照明以及应急救援设备等，建立相关台账和日常维护记录，保证完好可用，并监督作业人员正确佩戴与使用。

3 对从事有限空间作业相关人员进行职业安全知识和技能培训,并建立培训档案。制定完善应急预案和现场处置方案,并定期开展演练。

4 进入有限空间前,严格遵守"先通风、再监测、后作业"的原则。作业期间,应全程通风,有限空间作业点应安装具备报警功能的气体实时监测装置,或作业人员随身携带便携式气体检测报警仪。有限空间各出入口安排专责监护人员,并与工作负责人、远程视频监控人员保持通讯畅通。

5 禁止将易燃易爆物品带入有限空间,应对现场安全措施落实情况、安全防护设备、应急救援装备配置情况每天进行检查。

6 通风设备停止运转、气体实时监测装置、远程监控设备、安全防护设备与个体防护装备等关键设备故障并失去其本身的联络、防护、报警等功能,作业人员应立即中断工作并撤离现场。警告并劝离未经许可试图进入有限空间作业区域的人员。

7 作业人员在作业过程中发现自身或他人出现呼吸困难、呕吐、头晕等不适症状时,应立即停止作业,撤离现场。

典型问题 64　孔洞防护措施设置不规范

一　问题描述

a 坑口未设置盖板或材质不符合要求。

b 安全围栏不全,无相关警示标志牌。

表 2-1-3　　　　　　孔洞防护措施不到位问题及正确示例

问题示例 a:坑口未设置盖板或材质不符合要求	正确示例 a:坑口正确设置盖板

续表

| 问题示例 b：坑口未设置围挡，无警示标识 | 正确示例 b：坑口设置围挡，警示标识齐全 |

二 标准规范要求

1 《输变电工程建设安全文明施工规程》（Q/GDW 10250—2021）第 5.1.2.1 条规定"孔洞防护设施使用范围施工现场（包括办公区、生活区）能造成人员伤害或物品坠落的孔洞应采用孔洞盖板或安全围栏实施有效防护。"

2 《国家电网有限公司电力建设安全工作规程 第 2 部分：线路》（Q/GDW 11957.2—2020）第 10.4.2.5 条规定"孔口设置安全防护围栏和安全警示标志，必要时夜间应设警示红灯。"

三 防治措施

1 工作负责人和安全监护人应加强现场安全设施的布置情况和有效性检查；现场所使用安全防护用品、安全设施应配置齐全，在施工现场规范布置并防护到位。

2 作业层班组人员在每天收工前，确认孔洞防护措施可靠，警示标识齐全，必要时应设置夜间警示灯。

典型问题 65 临边防护不满足规范要求

一 问题描述

a 堆土、料具堆放距坑边小于 1m 或堆土存在坍塌现象。

b 坑边堆土高度超 1.5m。

c 山区基础坡面上方存在滚石未清理。

d 路滑或无路及过沟、崖、坑、墙、涧时，未采取防护措施。

表2-1-4 临边防护措施不到位问题及正确示例

问题示例a：积土、料具堆放距槽边小于1m	正确示例a：堆土距坑边1m以外

问题示例b：堆土高度超1.5m	正确示例b：堆土高度不超过1.5m

问题示例c：山区基础坡面上方存在滚石	正确示例c：山区基础坡面滚石清理

续表

| 问题示例 d：路滑时未采取防护措施 | 正确示例 d：路滑地段铺设沙袋防护 |

二 标准规范要求

1 《国家电网有限公司电力建设安全工作规程 第 2 部分：线路》（Q/GDW 11957.2—2020）第 10.1.1.6 条规定"堆土应距坑边 1m 以外，高度不得超过 1.5m。"

2 《国家电网有限公司电力建设安全工作规程 第 2 部分：线路》（Q/GDW 11957.2—2020）第 10.1.3.1 条规定"人工开挖基坑，应先清除坑口浮土，向坑外抛扔土石时，应防止土石回落伤人。当基坑深度达 2m 时，宜用取土器械取土，不得用锹直接向坑外抛扔土。取土器械不得与坑壁刮擦。"

3 《国家电网有限公司电力建设安全工作规程 第 2 部分：线路》（Q/GDW 11957.2—2020）第 10.1.3.4 条规定"人工撬挖土石方时应遵守：a）边坡开挖时，应由上往下开挖，依次进行。不得上、下坡同时撬挖。b）应先清除山坡上方浮土、石；土石滚落下方不得有人，并设专人监护。c）人工打孔时，打锤人不得戴手套，并应站在扶钎人的侧面。d）在悬岩陡坡上作业时应设置防护栏杆并系安全带。"

4 《国家电网有限公司电力建设安全工作规程 第 2 部分：线路》（Q/GDW 11957.2—2020）第 7.5.1.9 条规定"在深山密林中施工应防止误踩深沟、陷阱。应穿硬胶底鞋。在路滑或无路及过沟、崖、坑、墙、洞时，应采取防护措施。不得穿越不明深浅的水域和薄冰，同时应随时与其他人员保持联系。"

三 防治措施

1 施工前应对施工过程存在的危险源进行辨识,对危险源可能导致的事故进行分析和风险评估,编制风险评估报告,制定控制措施。在危险性较大的分部分项工程的施工过程中,应指定专职安全生产管理人员在施工现场进行施工过程中的安全监督。

2 施工前应逐级进行安全技术交底,交底应包括工程概况、安全技术要求、风险状况、控制措施和应急处置措施等内容。

3 安全监护人应加强现场安全隐患巡查和安全措施落实情况检查:现场安全工器具、安全设施应配置齐全,检测合格;边坡开挖时,应先清除山坡上方浮土、石,坑口堆土应距坑边 1m 以外,高度不得超过 1.5m。

4 山区及林区作业时,施工人员不得单独远离作业场所。作业完毕,班组负责人应清点人数。

典型问题 66 坑口排水及防雨措施不到位

一 问题描述

a 孔口未设置防雨措施。

b 未采取降水或集中排水措施,孔壁在地下水浸泡的作用下坍塌。

表 2-1-5　　　坑口排水及防雨措施不到位问题及正确示例

问题示例 a:孔口未设置防雨措施	正确示例 a:基坑内外设集水坑和排水沟,集水坑每隔一定距离设置,排水沟有一定坡度

| 问题示例 b：孔内地下水未采取降水或集中排水措施 | 正确示例 b：孔内设置水泵集中排水 |

二 标准规范要求

1 《国家电网有限公司电力建设安全工作规程 第 2 部分：线路》（Q/GDW 11957.2—2020）第 10.1.2.1 条规定"雨水较多或地下水位较高时，应有临时排水措施，排水不得破坏相邻基础和挖、填土石方边坡。每日或雨后复工前，应检查土壁及支撑稳定情况。"

2 《国家电网有限公司电力建设安全工作规程 第 2 部分：线路》（Q/GDW 11957.2—2020）第 10.1.2.2 条规定"基坑内外应设集水坑和排水沟，集水坑应每隔一定距离设置，排水沟应有一定坡度。"

3 《国家电网有限公司电力建设安全工作规程 第 2 部分：线路》（Q/GDW 11957.2—2020）第 10.1.2.3 条规定"基坑边坡应进行防护，防止雨水侵蚀。"

三 防治措施

1 基坑顶部按规范要求设置截水沟，底部做好井点降水或集中排水措施，并按照设计要求进行放坡，若因环境原因无法放坡时，必须做好支护措施。

2 基础开挖过程中，如遇有大雨及以上雨情时，应做好防止深坑坠落和塌方措施后，迅速撤离作业现场。

3 土方开挖中，现场安全监护人及施工人员须随时观测基坑周边土质，观测到基坑边缘有裂缝和渗水或出现地下水（水量大、水压高）等异常情况时，立即停止作业并报告施工负责人，待合理处置并确认合格后，再开始作业。

典型问题 67 护壁施工不规范

一 问题描述

a 护壁未按设计要求制作（如深度、厚度、锁口露高不足、未使用钢筋）。

b 护壁存在裂缝、掉块。

表 2-1-6 护壁施工不规范问题及正确示例

问题示例 a：护壁深度和配筋未按设计要求制作

正确示例 a：按照设计要求设置护壁

问题示例 b：护壁存在裂缝、掉块等情况

正确示例 b：护壁施工质量符合要求

二 标准规范要求

1 《国家电网有限公司电力建设安全工作规程 第 2 部分：线路》（Q/GDW 11957.2—2020）第 10.4.2.2 条规定"应按设计要求设置护壁，应有防止孔口坍塌的安全措施。"

2 《国家能源局防止电力建设工程施工安全事故三十项重点要求》（国能发安全〔2022〕55 号）第 3.1.7 条规定"人工挖孔桩必须设置作业平台，混凝土护壁应随挖随浇，上节护壁混凝土强度未达到要求时，严禁进行下节开挖施工。联排的人工挖孔桩（抗滑桩）施工时，应当跳槽开挖。"

三 防治措施

1 施工方案须明确孔桩护壁制作的工艺质量要点和安全管控要求。施工作业人员应按照施工方案和设计要求制作护壁，护壁混凝土满足设计规定的龄期强度后，方可拆模，严禁提前拆模。

2 监理旁站人员及班组安全监护人要加强施工过程中的隐患排查，若护壁出现裂缝和局部脱落掉块等情况，应及时停工检查处理，处理并验收合格后，方可恢复作业。

2.2 机械成孔基础施工典型问题及防治措施

典型问题 68 施工作业平台设置不牢靠

一 问题描述

a 未设置施工作业平台。

b 施工安全通道、操作平台无安全护栏。

c 施工安全通道脚手板未绑扎固定。

表 2-2-1 施工作业平台设置不牢靠问题及正确示例

| 问题示例 a：基础施工未设置操作平台及安全通道 | 正确示例 a：基础施工规范设置操作平台及安全通道 |

续表

| 问题示例 b：通道、操作平台上无安全护栏 | 正确示例 b：通道、操作平台上正确安装安全护栏、挡脚板 |

| 问题示例 c：施工安全通道脚手板未绑扎固定，脚手板探头长度大于 150mm | 正确示例 c：施工安全通道铺设必要数量的脚手板，铺设平稳、固定牢靠 |

二 标准规范要求

1 《建筑施工易发事故防治安全标准》（JGJ/T 429—2018）第 5.3.1 条规定"脚手架作业层上脚手板的设置，应符合：作业平台脚手板应铺满、铺稳、铺实、铺平；脚手架内立杆与建筑物距离不宜大于 150mm；当距离大于 150mm 时，应采取封闭防护措施；工具式钢脚手板应有挂钩，并应带有自锁装置与作业层横向水平杆锁紧，不得浮放；木脚手板、竹串片脚手板、竹笆脚手板两端应与水平杆绑牢，作业层相邻两根横向水平杆间应加设间水平杆，脚手板探头长度不应大于 150mm。"

2 《国家电网有限公司关于印发十八项电网重大反事故措施（修订版）》（国家电网设备〔2018〕979 号）第 1.1.2.3 条规定"对于高处作业，应搭设脚手架、使用高空作业车、升降平台、绝缘梯、防护网，并按要求使用安全带、安全绳等个体防护装备，个体防护装备应检验合格并在有效期内。严禁在无安全保护的情况下进行高处作业。高处作业人员应持证上岗，凡身体不适合从事高处作业的人员，不得从事高处作业。"

3　《国家电网有限公司关于印发生产现场作业"十不干"的通知》（国家电网安质〔2018〕21 号）第八条规定"高处作业防坠落措施不完善的不干。"

三　防治措施

1　施工或生产作业区的通道以及各种孔、洞、井、坑口、平台临边等部位必须设置规范可靠的安全防护设施。

2　高处搭设及拆除基础立柱模板，必须设置操作平台；悬空安装大模板，必须在平台上操作。严禁未设置作业平台进行高处作业。

3　操作平台、料台必须具有足够的承载力和刚度。未经设计验算、验收严禁使用。

4　工作负责人、安全监护人、驻队监理应每日检查操作平台立杆、横杆、斜撑等关键节点是否存在导致坍塌的风险，关键措施是否到位，发现有松动变形损坏或脱落等现象，应立即组织修缮。

典型问题 69　基坑放坡不满足规范要求

一　问题描述

a　基坑开挖未放坡或放坡系数不满足要求。

b　泥沙、流沙坑特殊基础开挖未采取挡泥板或护筒防护措施。

表 2-2-2　　　　基坑放坡不满足规范要求问题及正确示例

| 问题示例 a：基坑放坡系数不满足要求 | 正确示例 a：严格按照土质规定放坡系数开挖 |

续表

| 问题示例 b：流沙地质条件下作业未合理设置挡板 | 正确示例 b：采用围挡或加大放坡等手段防止流沙坑流沙坍塌 |

二　标准规范要求

1　《国家电网有限公司电力建设安全工作规程　第 2 部分：线路》（Q/GDW 11957.2—2020）第 10.1.1.8 条规定"除掏挖桩基础外，不用挡土板挖坑时，坑壁应留有适当坡度，坡度参照：沙土、砾土、淤泥土质，坡度（深：宽）取 1:0.75；砂质黏土土质，坡度（深：宽）取 1:0.5；黏土、黄土土质，坡度（深：宽）取 1:0.3；硬黏土：土质，坡度（深：宽）取 1:0.15。"

2　《建筑施工土石方工程安全技术规范》（JGJ 180—2009）第 6.3.8 条规定"遇异常软弱土层、流沙（土）、管涌，应立即停止施工，并及时采取措施。"

三　防治措施

1　严格按照施工方案进行放坡，发现现场土质与设计不一致时应立刻停止施工，核实修订施工方案，经审批通过后方可施工。

2　基坑施工必须分层、分段、限时、均衡开挖，严禁不按顺序和参数进行基坑开挖和支护。

3　人工开挖、清理狭窄基槽或坑井时，必须按要求放坡和支护，严禁在基槽或坑井边缘堆载。

4　深基坑开挖时须有专人监护。切坡作业时，严禁先切除坡脚，严禁从下部掏采。人工开挖时挖掘分层厚度不得超过 2m，严禁掏根挖土和反坡挖土；作业人员严禁站在石块滑落的方向撬挖或上下层同时开挖。

5　安全监护人应加强现场安全隐患排查：定期监测边坡变形，发现裂痕、滑动、流土、涌水、崩塌等险情时，立即停止作业，撤出现场作业人员，待处置合格后，再恢复作业。

典型问题 70 模板支护、拆除不规范

一 问题描述

a 模板支护不牢固，造成漏浆、胀模或坍塌。

b 模板拆除时，混凝土强度未达到设计或规范要求；拆除模板自下而上进行。

表 2-2-3 模板支护、拆除不规范问题及正确示例

| 问题示例 a：模板支护不到位，立柱根部胀模 | 正确示例 a：模板支设牢固、整齐、美观 |

| 问题示例 b：混凝土未达到设计强度提前拆模，拆除模板自下而上进行 | 正确示例 b：基础混凝土达到规定强度后自上而下拆除模板 |

二　标准规范要求

1　《建筑施工模板安全技术规范》（JGJ 162—2008）第 6.1.3 条规定"安装模板应保证工程结构和构件各部分形状、尺寸和相互位置的正确，防止漏浆，构造应符合模板设计要求。模板应具有足够的承载能力、刚度和稳定性，应能可靠承受新浇混凝土自重和侧压力以及施工过程中所产生的荷载。"

2　《国家电网有限公司电力建设安全工作规程　第 2 部分：线路》（Q/GDW 11957.2—2020）第 10.3.6 条规定"拆除模板应自上而下进行。拆下的模板应集中堆放。木模板外露的铁钉应及时拔掉或打弯。"

3　《房屋市政工程生产安全重大事故隐患判定标准（2022 版）》第 6 条规定"模板工程有下列情形之一的，应判定为重大事故隐患：模板工程的地基基础承载力和变形不满足设计要求；模板支架承受的施工荷载超过设计值；模板支架拆除及滑模、爬模爬升时，混凝土强度未达到设计或规范要求。"

三　防治措施

1　严格按照批准后的施工方案进行模板支护作业，模板的支撑应牢固，并对称布置，高出坑口的加高立柱模板应设置防止倾覆的措施；模板采用木方加固时，绑扎后铁丝末端需处理。

2　支撑架搭设区域地基回填土必须坚实或回填夯实。

3　模板安装工程经施工单位自检后，应报监理进行验收，合格后方可进行下道工序施工。

4　严格控制混凝土养护周期，达到设计要求方可拆模，拆模应自上而下进行。

典型问题 71　锚杆机械设备使用不规范

一　问题描述

a　风管控制阀操作架未加装挡风护板或挡风护板设置在下风向。

b　锚杆钻机操作人员未佩戴防尘口罩、护目镜等防护用品。

表 2-2-4　　　锚杆机械设备使用不规范问题及正确示例

| 问题示例 a：风管控制阀操作架未加装挡风护板 | 正确示例 a：风管控制阀操作架加装挡风护板并设置在上风向 |

| 问题示例 b：锚杆钻机操作人员未佩戴防尘口罩 | 正确示例 b：锚杆钻机操作人员正确佩戴防护用品 |

二　标准规范要求

1　《国家电网有限公司电力建设安全工作规程　第 2 部分：线路》（Q/GDW 11957.2—2020）第 10.4.3.4 条规定"风管控制阀操作架应加装挡风护板，并应设置在上风向。"

2　《电力建设工程施工安全管理导则》（NB/T 10096—2018）第 18.2.1.1 条规定"参建单位应按照有关法律法规规章制度和标准的要求为从业人员提供符合职业卫生要求的工作环境和条件配备职业卫生保护设施工具和用品。"

3　《国家电网有限公司电力建设安全工作规程　第 2 部分：线路》（Q/GDW 11957.2—2020）第 10.1.4.1 条规定"用凿岩机或风钻打孔时，操作人员应戴口罩和风镜，手不得离开钻把上的风门，更换钻头应先关闭风门。"

三 防治措施

1 单基策划中平面布置图应充分考虑季节风向，将风管控制阀操作架设置在上风侧，现场作业前进行风向复核。

2 锚杆钻机施工，配备充足的满足使用要求的职业健康用品和防护设施。

3 锚杆钻机开挖过程中，做好风向监测工作，风向改变时暂停作业。

4 现场负责人、安全监护人、驻队监理对作业现场风向和作业人员劳动防护用品正确佩戴使用进行监督。

典型问题 72　上下基坑设施及行为不符合要求

一 问题描述

a 基坑未设置可靠的扶梯或坡道，作业人员自行寻找上下通道。

b 上下基坑使用自制简易木梯或梯子踏步缺失，梯脚无防滑装置，钢爬梯锈蚀、缺件等。

c 相互拉拽、攀登挡土板支撑上下基坑，或利用挖掘机铲斗载人上下基坑。

表 2-2-5　上下基坑设施及行为不满足规范要求问题及正确示例

| 问题示例 a：基坑未设置可靠的扶梯或坡道 | 正确示例 a：基坑设置可靠的扶梯 |

续表

问题示例 b：使用自制简易木梯

正确示例 b：使用脚手架搭设临时扶梯

问题示例 c：利用挖掘机铲斗载人上下基坑

正确示例 c：利用扶梯上下基坑

二　标准规范要求

1　《国家电网有限公司电力建设安全工作规程　第 2 部分：线路》（Q/GDW 11957.2—2020）第 10.1.1.5 条规定"作业人员上下基坑时应有可靠的扶梯或坡道，不得相互拉拽、攀登挡土板支撑上下，作业人员应在地面安全地点休息。"

2　《国家电网有限公司电力建设安全工作规程　第 2 部分：线路》（Q/GDW 11957.2—2020）第 10.1.4.4 条规定"挖掘机开挖时遵守：a）应避让作业点周围的障碍物及架空线。b）人员不应进入挖斗内，不应在伸臂及挖斗下面通过或逗留。c）不得利用挖斗递送物件。d）暂停作业时，应将挖斗放到地面。e）挖掘机作业时，在同一基坑内不应有人员同时作业。"

三　防治措施

1　安全监护人每日作业前对上下基坑使用扶梯进行检查，发现未配置或使用不满足要求的上下基坑工器具等情况时不得放行作业。

2 做好上下基坑使用工器具的监督，存在缺陷的梯子应及时修复并经检查合格后方可使用，杜绝使用简易木梯。

3 做好人员上下基坑安全监护工作，多人上下同一基坑时应逐个进行，不得相互拉拽、攀登挡土板支撑上下基坑或利用挖掘机铲斗载人上下基坑。

典型问题 73 灌注桩泥浆池防护不到位

一 问题描述

a 泥浆池未设置安全防护围栏。

b 未使用钢管扣件组装式安全围栏进行防护。

c 未正确悬挂安全警示标志。

表 2−2−6　　灌注桩泥浆池防护不到位问题及正确示例

| 问题示例 a：泥浆池未设置安全围栏 | 正确示例 a：泥浆池设置安全围栏 |

问题示例 b：泥浆池使用扣件组装式护栏进行围护，抗冲击能力不足

正确示例 b：泥浆池使用钢管扣件组装式安全围栏进行防护

续表

| 问题示例 c：泥浆池安全警示标志不全 | 正确示例 c：泥浆池正确悬挂安全警示标志 |

二　标准规范要求

1　《输变电工程建设施工安全风险管理规程》（Q/GDW 12152—2021）附录 H.4 第 04030501 条规定"泥浆池必须设围栏，将泥浆池、已浇注桩围栏好并挂上警示标志，防止人员掉入泥浆池中。"

2　《输变电工程建设安全文明施工规程》（Q/GDW 10250—2021）第 5.1.1.2 条规定"钢管扣件组装式安全围栏适用于相对固定的施工区域（材料站、加工区等）的划定、安全通道、临空作业面的护栏及直径大于 1m 无盖板孔洞的围护。"

三　防治措施

1　严格按照施工方案及单基策划要求，合理布置灌注桩施工现场泥浆池。泥浆池必须设围栏并悬挂警示标志，防止人员掉入泥浆池中。泥浆池应采用钢管扣件组装式安全围栏进行安全防护。围栏安全警示标志齐全，悬挂安全、稳固、可靠，顺序按警告、禁止、指令、提示（黄～红～蓝～绿）类型的顺序，先左后右或先上后下地排列。

2　工作负责人在每日交底中明确泥浆池防护措施；安全监护人加强防护围栏的巡视和作业人员的安全监护，及时维修损坏围栏，严防作业人员擅自进入围栏内或倚靠围栏等危险行为。

3

组塔工程

3.1 起重机组塔施工典型问题及防治措施

典型问题 74 起重机围挡警示不到位

一 问题描述

a 起重机未设置围挡或围挡不全。

b 起重机未设置警示标志或警示标志不规范、不齐全。

表 3-1-1　　起重机围挡警示不到位问题及正确示例

问题示例 a：起重机作业区域未设置围挡　　正确示例 a：起重机规范设置围栏，明确作业区域

问题示例 b：起重机作业区域未设置警示标志　　正确示例 b：起重机作业区域警示标志齐全、规范

二 标准规范要求

《国家电网有限公司电力建设安全工作规程　第 2 部分：线路》（Q/GDW

11957.2—2020）第 7.2.20 条规定"作业区域内应设围栏和相应的安全标志。"

三 防治措施

1 重视单基策划管理，落实单基策划中施工总体布置要求和安全措施。

2 严肃单基放行制度，监理项目部组织铁塔组立施工放行检查，合格后签署《单基放行单》，现场布置不满足规范要求坚决不得进行组塔施工作业。

3 工作负责人和安全监护人加强施工机械现场监督，检查起重机围栏、警示标志是否齐全正确，警示标志应包含"禁止通行、禁止抛物、禁止停留、当心吊物、当心坠落、当心落物"等。

典型问题 75 塔材地面组装管控不到位

一 问题描述

a 塔材未按规定进行衬垫或衬垫不符合规范要求。

b 塔片、塔段超范围组装，吊装方式与施工方案不一致。

表 3-1-2　　　　　塔材地面组装不规范问题及正确示例

| 问题示例 a：现场塔材未规范衬垫 | 正确示例 a：塔材衬垫符合规范要求 |

| 问题示例 b：外横担与地线支架合并吊装方式与方案不一致 | 正确示例 b：外横担与地线支架分别吊装，与施工方案一致 |

二 标准规范要求

1 《国家电网有限公司电力建设安全工作规程 第 2 部分：线路》（Q/GDW 11957.2—2020）第 11.3.5 条规定"山地铁塔地面组装时应遵守下列规定：a）塔材不得顺斜坡堆放。b）选料应由上往下搬运，不得强行拽拉。c）山坡上的塔片垫物应稳固，且应有防止构件滑动的措施。d）组装管形构件时，构件间未连接前应采取防止滚动的措施。"

2 《国家电网有限公司电力建设安全工作规程 第 2 部分：线路》（Q/GDW 11957.2—2020）第 7.2.12 条规定"起重作业前应进行安全技术交底，使全体人员熟悉起重搬运方案和安全措施。"

3 《国家电网有限公司输变电工程建设安全管理规定》（国网（基建/2）173—2021）第六十六条规定"工程现场作业应落实施工方案中的各项安全技术措施。"

三 防治措施

1 重视技术交底，使每名现场作业人员熟悉作业安全措施、施工方案和图纸。

2 严肃单基放行，监理项目部组织开展铁塔组立施工放行检查，核实现场物资投入情况，确保配备足够、合格的塔材衬垫材料，检查合格后签署《单基放行单》，现场布置不满足规范要求时，不得开展组塔施工作业。

3 工作负责人、安全监护人和驻队监理加强现场安全隐患排查和检查，确保现场作业与施工方案一致：山地地面组装时，塔材不得顺斜坡堆放；选料应由上往下搬运，不得强行拽拉；山坡上的塔片垫物应稳固，且应有防止构件滑动的措施；组装管形构件时，构件间未连接前应采取防止滚动的措施；严禁超范围吊装塔片塔段。

典型问题 76 起重机使用不规范

一 问题描述

a 起重机未安装限位器。

b 起重机支腿设置不牢靠。

c 起重机未设置接地线或接地规格不满足要求。

表 3-1-3　　　　　起重机使用不规范问题及正确示例

问题示例 a：起重机未安装限位器	正确示例 a：起重机限位装置齐全

问题示例 b：起重机支腿不牢固	正确示例 b：起重机支腿铺垫钢板

问题示例 c：起重机未接地	正确示例 c：起重机可靠接地

二 标准规范要求

1 《国家电网有限公司电力建设安全工作规程 第 2 部分：线路》（Q/GDW 11957.2—2020）第 7.2.7 条规定"起重机械的各种监测仪表以及制动器、限位器、安全阀、闭锁机构等安全装置应完好齐全、灵敏可靠，不得随意调整或拆除。不得利用限制器和限位装置代替操纵机构。"

2 《国家电网有限公司电力建设安全工作规程 第 2 部分：线路》（Q/GDW 11957.2—2020）第 8.1.2.2 条规定"汽车式起重机作业前应支好全部支腿，支腿应加垫木。作业中不得扳动支腿操纵阀；调整支腿应在无载荷时进行，且应将起重臂转至正前或正后方位。"

3 《国家电网有限公司电力建设安全工作规程 第 2 部分：线路》（Q/GDW 11957.2—2020）第 7.2.20 条规定"起重机在作业时，车身应使用截面积不小于 16mm² 软铜线可靠接地。作业区域内应设围栏和相应的安全标志。"

三 防治措施

1 规范起重机报审管理，规范填写《大中机械型进场/出场申报表》，严格审查起重机检验、试验报告及合格证，未报审的起重机严禁进场施工作业。

2 严格开展起重机使用前安全检查，合格后施工及监理共同签署《重要设施安全检查签证》。

3 工作负责人、安全监护人和驻队监理应加强施工机械现场监督检查，重点检查：起重机型号、起重特性曲线及性能表与方案和报审表的一致性，检查设备外观、钢丝绳、吊钩、支腿、吊臂、各种监测仪表以及制动器、限位器、力矩限制器、安全阀、闭锁机构、接地等安全装置的完好性。

典型问题 77 未规范开展吊装作业

一 问题描述

a 吊点绑扎数量、位置与施工方案不符。

b 起吊钢丝绳与塔材未采取有效衬垫措施。

c 塔材起吊未按规定进行补强措施。

d 吊装带局部破损。

表 3-1-4　　　　　　　　未按规定吊装作业问题及正确示例

| 问题示例 b：起吊钢丝绳与塔材未采取有效衬垫
措施 | 正确示例 b：起吊钢丝绳与塔材采取有效衬垫措施 |

| 问题示例 c：塔片起吊未按规定进行补强 | 正确示例 c：塔片起吊按规定进行补强 |

| 问题示例 d：吊装带存在局部破损情况未及时更换 | 正确示例 d：塔材吊装应使用性能完好的吊装带 |

二　标准规范要求

1 《国家电网有限公司电力建设安全工作规程　第 2 部分：线路》（Q/GDW 11957.2—2020）第 8.1.2.6 条规定"起吊重物时，重物中心与吊钩中心应在同一垂线上；荷载由多根钢丝绳支承时，宜设置能有效地保证各根钢丝绳受力均衡的装置。作业中发现起重机倾斜、支腿不稳等异常现象时，应立即使重物降落在安全的位置，下降中不得制动。"

2 《国家电网有限公司输变电工程建设安全管理规定》（国网（基建/2）173—2021）第六十六条规定"工程现场作业应落实施工方案中的各项安全技术措施。"

3 《国家电网有限公司电力建设安全工作规程　第 2 部分：线路》（Q/GDW 11957.2—2020）第 11.1.8 条规定"组塔过程中应遵守下列规定：e）钢丝绳与金属构件绑扎处，应衬垫软物。f）组装杆塔的材料及工器具不得浮搁在已立的杆塔和抱杆上。"

4 《架空输电线路铁塔分解组立施工工艺导则》（Q/GDW 10860—2021）第 6.4.4 条规定"对于较宽的塔片，在吊装时采取必要的补强措施。"

5 《国家电网有限公司电力建设安全工作规程　第 2 部分：线路》（Q/GDW 11957.2—2020）第 8.3.4.2 条规定"合成纤维吊装带要求：a）使用前应对吊装带进行检查，表面不得有横向、纵向擦破或割口、软环及末端件损坏等情况。损坏严重者应作报废处理。b）缝合处不允许有缝合线断头，织带散开。"

三　防治措施

1　严格审查施工方案，核实方案中吊点的设置是否合理，审查钢丝绳保护措施、塔材补强等相关措施是否到位，吊点绳受力计算是否准确、满足规定。

2　施工准备阶段，核实现场工器具是否与方案一致，检查工器具是否满足施工需要，是否存在型号不对应、破损等现象。不合格者严禁使用，严禁以小代大，严禁超载使用。

3　吊点绑扎需设专人负责，绑扎要牢固，在绑扎处塔材做防护，对须补强的构件吊点予以可靠补强。

4　吊件在起吊时，钢丝绳与铁件绑扎处应用麻袋片或软物衬垫。

典型问题 78　起吊与控制绳设置不符合要求

一　问题描述

a　塔材起吊未设置控制绳或控制绳数量不足。

b 起吊绳规格、型号等与施工方案不符。

表 3－1－5　　　起吊与控制绳设置不符合要求问题及正确示例

问题示例 b：起吊绳使用迪尼玛绳，与施工方案（使用钢丝绳）不符	正确示例 b：按照施工方案要求，起吊绳采用钢丝绳

二　标准规范要求

1　《国家电网有限公司电力建设安全工作规程　第 2 部分：线路》（Q/GDW 11957.2—2020）第 8.1.1.3 条规定"吊件吊起 100mm 后应暂停，检查起重系统的稳定性、制动器的可靠性、物件的平稳性、绑扎的牢固性，确认无误后方可继续起吊。对易晃动的重物应拴好控制绳。"

2　《国家电网有限公司电力建设安全工作规程　第 2 部分：线路》（Q/GDW 11957.2—2020）第 11.9.6 条规定"分段分片吊装铁塔时，控制绳应随吊件同步调整。"

3　《架空输电线路铁塔分解组立施工工艺导则》（Q/GDW 10860—2021）第 14.5 条规定"落地拉线及吊件控制绳对地夹角不应大于 45°，当夹角超过 45°时应进行验算，并应采取相应的措施。"

三　防治措施

1　施工方案中应明确控制绳材质、规格；单基策划中应明确控制绳对地角度及相关措施。

2　工作负责人及安全监护人加强组塔过程管控。临时拉线使用前，检查拉线型号、规格及设置情况与施工方案是否一致。

3　驻队监理应强化现场安全监督检查，对发现的问题应及时督促整改。

典型问题 79　临时拉线设置不规范

一　问题描述

a　单主材吊装或塔片吊装未设置反向临时拉线。

b　反向临时拉线角度不符合规范规定。

表 3-1-6　　　临时拉线设置不符合要求问题及正确示例

问题示例 a：单主材吊装或塔片吊装未设置反向临时拉线	正确示例 a：单主材吊装或塔片吊装设置反向临时拉线

问题示例 b：反向临时拉线角度大于 45°	正确示例 b：反向临时拉线角度小于 45°

二 标准规范要求

1 《国家电网有限公司电力建设安全工作规程 第 2 部分：线路》（Q/GDW 11957.2—2020）第 11.3.3 条规定"组装断面宽大的塔片，在竖立的构件未连接牢固前应采取临时固定措施。"

2 《架空输电线路铁塔分解组立施工工艺导则》（Q/GDW 10860—2021）第 4.11 条规定"底段单根主材或塔片组立完成后，应打好临时拉线，在铁塔四个面辅材未安装完毕不应拆除临时拉线。"

3 《架空输电线路铁塔分解组立施工工艺导则》（Q/GDW 10860—2021）第 14.5 条规定"落地拉线及吊件控制绳对地夹角不应大于 45°，当夹角超过 45° 时应进行验算，并应采取相应的措施。"

三 防治措施

1 严格审查施工方案，核实方案中是否明确塔腿段吊装设置临时拉线，临时拉线受力计算是否准确、满足规定。

2 施工准备阶段，核实现场工器具是否与施工方案一致，检查工器具是否满足施工需要，是否存在型号不对应、破损等现象；拉线地锚埋设位置应核实，保证拉线最大对地角度不大于 45°。

3 组塔过程中，安全监护人要检查施工人员作业行为，检查拉线材质、拉线搭设位置及对地角度、拉线拆除作业是否与施工方案一致。

4 驻队监理应强化现场安全监督检查，对发现的问题应及时督促整改。

典型问题 80 地脚螺帽安装不到位

一 问题描述

a 塔脚板安装后，螺母及垫板未与塔脚板靠紧；铁塔组立完成后，未及时安装地脚螺帽或地脚螺帽紧固不到位。

b 地脚螺帽未采取防卸措施。

表 3-1-7　　　　　　　　地脚螺帽安装不到位问题及正确示例

问题示例 a：地脚螺栓螺帽未拧紧

正确示例 a：地脚螺栓螺帽紧固到位

问题示例 b：地脚螺帽无防卸措施

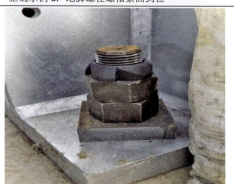

正确示例 b：地脚螺帽采取防卸措施

二　标准规范要求

1　《国家电网有限公司电力建设安全工作规程　第 2 部分：线路》（Q/GDW 11957.2—2020）第 11.1.8 条规定"杆塔组立前，应核对地脚螺栓与螺母型号是否匹配。铁塔组立完成后，地脚螺栓应随即采取加装垫板、拧紧螺帽及打毛丝扣等合适的防卸措施（8.8 级、10.9 级高强度地脚螺栓不得打毛丝扣）。"

2　《输电线路工程地脚螺栓全过程管控办法（试行）》（国家电网基建〔2018〕387 号）第二十八条规定"塔脚板安装中，施工班组质检员应监督施工人员及时将螺母和垫板安装齐全，确保两螺母及垫板应与塔脚板靠紧。"

3　《输电线路工程地脚螺栓全过程管控办法（试行）》（国家电网基建〔2018〕387 号）第二十九条规定"杆塔组立和放线作业中，放线段的杆塔地脚螺栓安装紧固和防卸情况应纳入作业必备条件确认范畴，由施工班组质检员确认，并在每日站班会及风险控制措施检查记录表中记录。"

三 防治措施

1 加强地脚螺栓管理。地脚螺栓进场前，班组技术员对地脚螺栓进行验收，检查地脚螺栓的螺杆、螺母、垫板，标记匹配情况。

2 做好地脚螺栓螺帽的保管措施，入库、领用、回收、发放等收发台账应齐全完整；螺帽应单基存放，避免混用安装。

3 加强现场螺帽管理，塔脚板就位后应及时上齐匹配的垫板和地脚螺帽，拧紧螺帽并采用专用设施进行防卸。放线段铁塔地脚螺栓安装及防卸情况纳入作业必备条件确认范畴，班组安全员重点检查地脚螺栓垫板与塔脚板是否靠紧、两螺母是否紧固到位及防卸措施是否到位。

4 驻队监理及施工管理人员加强对地脚螺栓安装紧固度和防卸情况的检查。

3.2 落地抱杆组塔施工典型问题及防治措施

典型问题 81 未可靠设置接地装置

一 问题描述

a 组塔施工前未进行可靠的临时接地。

b 铁塔临时接地不规范。

表 3-2-1　　　　未可靠设置铁塔接地问题及正确示例

| 问题示例 a：铁塔组立后未及时安装临时接地 | 正确示例 a：塔腿组装后及时安装临时接地 |

续表

| 问题示例 b：铁塔临时接地与塔材贴合不紧密 | 正确示例 b：铁塔临时接地与塔材紧密贴合 |

二　标准规范要求

《国家电网有限公司电力建设安全工作规程　第 2 部分：线路》（Q/GDW 11957.2—2020）第 11.1.8 条规定"铁塔组立过程中及电杆组立后，应及时与接地装置可靠连接。"

三　防治措施

1　合理安排施工工序，接地工程应在组塔施工前完成。特殊情况无法完成接地工程的，铁塔组立需采用合格的临时接地。

2　铁塔塔腿段组装完毕后，应立即安装铁塔接地，接地引下线与铁塔连接可靠。

3　测量接地电阻，接地电阻符合设计要求。

典型问题 82　抱杆底座不稳固

一　问题描述

a　抱杆地基未进行平整、夯实加固。

b　抱杆底座无防下沉措施和排水措施。

c　抱杆底座拉线未收紧。

表 3-2-2　　　　　　　　抱杆底座不稳固问题及正确示例

问题示例 a：抱杆地基不平整

正确示例 a：抱杆地基平整、夯实

问题示例 b：抱杆底座无防沉、防雨措施

正确示例 b：抱杆地底座加固并设置排水沟

问题示例 c：抱杆底座拉线未收紧

正确示例 c：抱杆底座拉线收紧

二　标准规范要求

1　《双平臂落地抱杆安装及验收规范》（Q/GDW 11141—2013）第 6.3.2 条规定"采用装配式底座时，安装底座前应对地基进行平整及夯实加固等处理。底座地基有边坡时，抱杆底座距离边坡边缘应有足够的安全距离。"

2 《双平臂落地抱杆安装及验收规范》（Q/GDW 11141—2013）第 6.3.3 条规定"底座安装平面应平整，安装调整完成后底座倾斜度不大于 3/1000。"

3 《国家电网有限公司电力建设安全工作规程 第 2 部分：线路》（Q/GDW 11957.2—2020）第 11.8.2 条规定"抱杆应坐落在坚实稳固平整的地基或设计规定的基础上，若为软弱地基时应采取防止抱杆下沉的措施。"

4 《国家电网有限公司电力建设安全工作规程 第 2 部分：线路》（Q/GDW 11957.2—2020）第 11.8.10 条规定"抱杆就位后，四侧拉线应收紧并固定，组塔过程中应有专人值守。"

三 防治措施

1 施工前，施工项目部应会同作业层班组骨干认真踏勘作业现场，确认倒装顶升架底座安装位置，圩区需进行降水处理，山区需进行适当降坡处理。

2 作业层班组应根据现场条件进行地基夯实，铺设枕木、钢板或浇制混凝土等措施进行地基处理，确保地耐力满足作业要求，防止抱杆下沉，底座与基面接触应完全密实、吻合、受力均匀。

3 当遇到溶洞、断层、软弱夹层、易溶岩石、软化岩石、流沙、沼泽或水塘等特殊地质时，应配合设计单位制定特殊地质地基处理措施，保证地面承载力满足要求。

4 地基处理完毕后经监理检查合格后方可进行抱杆组立作业。

5 抱杆底座拉线应及时按施工方案设置、调整。

典型问题 83 抱杆设备存在缺陷

一 问题描述

a 抱杆缺少连接螺栓、使用普通螺栓代替高强螺栓或连接螺栓未紧固到位。

b 抱杆连接用销子规格、型号错误。

c 抱杆材料存在局部弯曲严重、磕瘪变形、表面腐蚀、裂纹或脱焊等问题。

d 抱杆转向滑车使用错误。

e 抱杆无接地线或接地线连接不规范。

表 3-2-3　　　　　　抱杆设备存在缺陷问题及正确示例

| 问题示例 a：抱杆使用普通螺栓代替高强螺栓 | 正确示例 a：抱杆全部使用高强螺栓 |

| 问题示例 b：抱杆销子规格型号不匹配 | 正确示例 b：抱杆销子使用正确 |

| 问题示例 c：抱杆辅材变形 | 正确示例 c：辅材变形进行校正或更换 |

| 问题示例 d：抱杆转向滑车朝向与受力方向不一致 | 正确示例 d：抱杆转向滑车与进绳方向一致 |

| 问题示例 e：抱杆接地线连接不规范 | 正确示例 e：抱杆接地装置良好 |

二　标准规范要求

1　《国家电网有限公司电力建设安全工作规程　第 2 部分：线路》（Q/GDW 11957.2—2020）第 11.8.1 条规定"抱杆组装应正直，连接螺栓的规格应符合规定，并应全部拧紧。"

2　《国家电网有限公司电力建设安全工作规程　第 2 部分：线路》（Q/GDW 11957.2—2020）第 11.8.11 条规定"抱杆各部件间应连接牢固，并设置附着和配重。"

3　《国家电网有限公司电力建设安全工作规程　第 2 部分：线路》（Q/GDW

11957.2—2020）第 8.3.1.3 条规定"金属抱杆的整体弯曲不应超过杆长的 1/600。局部弯曲严重、磕瘪变形、表面腐蚀、裂纹或脱焊不得使用。"

4　《国家电网有限公司电力建设安全工作规程　第 2 部分：线路》（Q/GDW 11957.2—2020）第 8.3.1.4 条规定"抱杆帽和其他配件表面有裂纹、螺纹变形或螺栓缺少不得使用。"

5　《国家电网有限公司电力建设安全工作规程　第 2 部分：线路》（Q/GDW 11957.2—2020）第 8.3.5.1 条规定"使用起重滑车应符合 GB 13308 的规定。"

6　《国家电网有限公司电力建设安全工作规程　第 2 部分：线路》（Q/GDW 11957.2—2020）第 11.8.1 条规定"抱杆应有良好的接地装置，接地电阻不得大于 4Ω。"

三　防治措施

1　加强施工方案管理，严格开展落地抱杆组塔施工方案复核、技术交底和现场执行检查。

2　严格执行重要设施安全检查签证，编制落地抱杆检查签证表，现场逐条对照检查。重点校核抱杆系统布置情况，对抱杆、起重滑车、吊点钢丝绳、承托钢丝绳等主要受力工具进行详细检查，严禁以小带大或超负荷使用。

3　作业过程中，作业负责人、监理人员按照作业流程，逐项确认风险控制专项措施落实。

4　加强监理单基放行管理，重点复核牵引设备的位置、组装区、地锚设置位置、抱杆底座地基处理、抱杆内拉线角度、摇臂调幅角度等与单基策划的一致性。

典型问题 84　卷扬机系统设置不标准

一　问题描述

a　地锚绳套引出位置与马道方向不一致。

b　地锚未采取避免被雨水浸泡的措施。

c　绞磨/卷扬机放置不平稳。

d　磨绳未与卷筒保持垂直或在卷筒/磨芯上缠绕不足 5 圈或磨绳从卷筒上方卷入。

表 3-2-4　　　　　　卷扬机系统设置不规范问题及正确示例

问题示例 a：马道角度与拉线受力方向不一致	正确示例 a：马道与钢丝绳受力方向一致

问题示例 b：地锚未采取防雨措施	正确示例 b：地锚采取防沉层、防水苫布避免被雨水浸泡

问题示例 c：绞磨/卷扬机放置不平稳	正确示例 c：绞磨/卷扬机放置平稳、固定牢靠

续表

| 问题示例 d1：磨绳出线方向未与卷筒保持垂直 | 正确示例 d1：磨绳出线方向与卷筒保持垂直 |

问题示例 d2：磨绳从滚筒上方卷入　　正确示例 d2：磨绳卷入滚筒方向正确（下进上出）

问题示例 d3：磨绳在卷筒/磨芯上缠绕不足 5 圈　　正确示例 d3：磨绳在卷筒/磨芯上缠绕不少于 5 圈

二　标准规范要求

1 《国家电网有限公司电力建设安全工作规程　第 2 部分：线路》（Q/GDW 11957.2—2020）第 11.1.6 条规定"采用埋土地锚时，地锚绳套引出位置应开挖马道，马道与临时拉线受力方向应一致。"

2 《国家电网有限公司电力建设安全工作规程 第 2 部分：线路》（Q/GDW 11957.2—2020）第 11.1.6 条规定"临时地锚应采取避免被雨水浸泡的措施。"

3 《国家电网有限公司电力建设安全工作规程 第 2 部分：线路》（Q/GDW 11957.2—2020）第 8.3.13.4 条规定"地锚、地钻埋设应专人检查验收，回填土层应逐层夯实。"

4 《国家电网有限公司电力建设安全工作规程 第 2 部分：线路》（Q/GDW 11957.2—2020）第 8.2.13.1 条规定"绞磨和卷扬机应放置平稳，锚固应可靠，并应有防滑动措施。受力前方不得有人。"

5 《国家电网有限公司电力建设安全工作规程 第 2 部分：线路》（Q/GDW 11957.2—2020）第 8.2.13.4 条规定"卷筒应与磨绳保持垂直。磨绳应从卷筒下方卷入，且排列整齐，在卷筒或磨芯上缠绕不得少于 5 圈，绞磨卷筒与磨绳最近的转向滑车应保持 5m 以上的距离。"

三 防治措施

1 加强施工方案管理。涉及地锚的施工方案，施工作业层班组技术员应参与地锚计算书编制；施工方案应明确地锚的布设数量、布设方式和埋设要求；绞磨设置要顺着钢丝绳的引出方向集中设置，确保导向滑车与钢丝绳受力方向一致，且油缸的油管方向布置不能够朝架体外侧，避免与起伏、起吊钢丝绳相互摩擦。

2 加强班组责任管理。地锚进入作业点前，施工作业层班组安全员按照施工方案要求对地锚规格、数量、外观等进行核查、验收；地锚施工中，施工作业层班组安全员应进行隐蔽工程核查、验收；地锚埋设完毕、投入使用前，施工作业层班组安全员按照施工方案及规程规范要求进行验收；施工作业中，施工作业层班组安全员应按照施工方案要求对地锚状态进行实时监控。

3 加强地锚设置管理。临时地锚应采取避免被雨水浸泡的措施，不得利用树木或外露岩石等承力大小不明物体作为受力钢丝绳的地锚。

4 加强监理复验责任管理。地锚进入作业点前，专业监理师对地锚规格、数量、外观等进行复验；地锚施工中，专业监理工程师进行隐蔽工程复验；投入使用前，安全监理工程师复验合格后挂牌公示；对于卷扬机/绞磨系统，滑车组钢丝绳穿绕方式必须安装抱杆设计图纸的方式进行穿绳；明确各绞磨所对应的起伏或起吊动力机构，避免因绞磨误操作造成抱杆平衡力矩超差；作业过程中，安全监理工程师应对地锚状态进行巡视检查。

典型问题 85　抱杆腰环设置不规范

一　问题描述

a　抱杆腰环设置数量不足，或腰环未按施工方案要求设置防扭加强拉线。

b　构件起吊过程中腰环受力。

c　抱杆提升过程中倾斜角度过大。

表 3–2–5　　　　抱杆腰环设置不规范问题及正确示例

问题示例 a：腰环未按方案要求设置防扭加强拉线

正确示例 a：按照施工方案要求设置防扭加强拉线

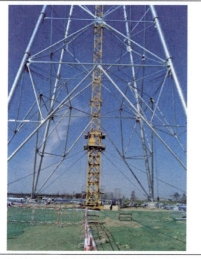

问题示例 b：构件起吊过程中抱杆腰环受力

正确示例 b：构件起吊过程中抱杆腰环呈松弛状态

问题示例 c：抱杆提升过程中倾斜角度过大	正确示例 c：抱杆垂直度符合要求

二　标准规范要求

1　《双平臂落地抱杆安装及验收规范》（Q/GDW 11141—2013）第 6.10.2 条规定"附着拉索的布置应能防止抱杆杆身出现扭转。"

2　《国家电网有限公司电力建设安全工作规程　第 2 部分：线路》（Q/GDW 11957.2—2020）第 11.8.3 条规定"提升（顶升）抱杆时，不得少于两道腰环，腰环固定钢丝绳应呈水平并收紧，同时应设专人指挥。"

3　《国家电网有限公司电力建设安全工作规程　第 2 部分：线路》（Q/GDW 11957.2—2020）第 11.7.5 条规定"构件起吊过程中抱杆腰环不得受力。"

4　《国家电网有限公司电力建设安全工作规程　第 2 部分：线路》（Q/GDW 11957.2—2020）第 11.8.9 条规定"抱杆提升过程中，应监视腰环与抱杆不得卡阻，抱杆提升时拉线应呈松弛状态。"

5　《国家电网有限公司电力建设安全工作规程　第 2 部分：线路》（Q/GDW 11957.2—2020）第 11.8.7 条规定"吊装构件前，抱杆顶部应向受力反侧适度预倾斜，构件吊装过程中，应对抱杆的垂直度进行监视，抱杆向吊件侧倾斜不宜超过 100mm。"

三　防治措施

1　加强施工方案管理。落地抱杆组塔施工方案应明确腰环的设置数量、位置及具体要求，并在施工方案技术交底时进行解读和强调。

2 加强班组责任管理。各组塔班组施工前，对现场班组骨干进行腰环设置关键点询问，清楚后才能开始施工。

3 加强监理单基放行管理。重点复核腰环设置数量、位置、固定方式等是否与单基策划和施工方案一致。

典型问题 86 抱杆吊装不符合要求

一 问题描述

a 摇臂抱杆单侧不平衡起吊，未采取平衡措施。

b 抱杆超重起吊或吊件歪拉斜吊。

c 停工或过夜时，未将起吊滑车组收紧在地面固定。

表 3-2-6 抱杆吊装不符合要求问题及正确示例

问题示例 a：摇臂抱杆不平衡起吊

正确示例 a：摇臂抱杆平衡起吊

问题示例 b：吊件歪拉斜吊

正确示例 b：构件在起重臂下方起吊

续表

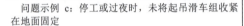

| 问题示例 c：停工或过夜时，未将起吊滑车组收紧在地面固定 | 正确示例 c：停工或过夜时，将起吊滑车组收紧在地面固定 |

二　标准规范要求

1　《国家电网有限公司电力建设安全工作规程　第 2 部分：线路》（Q/GDW 11957.2—2020）第 11.8.6 条规定"抱杆采取单侧摇臂起吊构件时，对侧摇臂及起吊滑车组应收紧作为平衡拉线。"

2　《国家电网有限公司电力建设安全工作规程　第 2 部分：线路》（Q/GDW 11957.2—2020）第 11.8.11 条规定"构件应组装在起重臂下方，且符合起重臂允许起重力矩要求。"

3　《国家电网有限公司电力建设安全工作规程　第 2 部分：线路》（Q/GDW 11957.2—2020）第 11.8.5 条规定"停工或过夜时，应将起吊滑车组收紧在地面固定。不得悬吊构件在空中停留过夜。"

三　防治措施

1　施工项目部组织严格落实施工方案，组塔施工前对班组作业人员进行详细的方案技术交底。

2　监理项目部逐基审查落地抱杆组塔单基策划，单基放行，确保每次起吊构件重量、力矩等符合抱杆使用要求。

3　现场吊装作业时，应采用两侧摇臂同步起吊，并设置平衡力矩及吊重检测装置；两侧吊件离地悬空时，应暂停起吊，检查两侧吊重是否满足抱杆使用条件，抱杆姿态、转动系统和起吊系统是否正常，确定无误后方可继续起吊；当需要单侧起吊作业时，应进行校核计算、合理选用配重，确保起吊时力矩平衡。

4 现场组装塔材时，吊件应在起重臂下组装，以满足吊件垂直起吊，避免吊件对摇臂及抱杆产生偏心扭矩；严禁使用摇臂将塔材在地面拖移。

5 当施工现场风速超过设计风速时，应将两侧摇臂放平，收起吊钩，检查内拉线和腰环的受力状况符合要求。

6 吊装过程中按照风险等级进行安全管控，各级管理人员应严格履行到岗到位要求。

4

架线工程

4.1　跨越架施工典型问题及防治措施

典型问题 87　跨越架搭设及拆除施工不规范

一　问题描述

a　跨越架尺寸（长、宽、高）与施工方案不符，不满足跨越需求。

b　跨越架架顶未设置外伸羊角。

c　地锚埋设位置设置不合理，承载索、拉线对地夹角过大。

d　拉线绳卡间距不满足要求或绳卡安装方向错误。

表 4-1-1　跨越架搭设及拆除施工不符合要求问题及正确示例

| 问题示例 b：跨越架架顶未设置外伸羊角 | 正确示例 b：跨越架架顶两侧设置外伸羊角 |

| 问题示例 d：拉线绳卡间距不足，个别绳卡压板未压在主受力绳侧 | 正确示例 d：拉线绳卡设置间距不小于绳径的 6 倍，绳卡压板压在主受力绳侧 |

问题示例 e：公路跨越架未设置警示标志	正确示例 e：跨越架来车方向设置警示标志

问题示例 f：跨越架搭设后未及时验收挂牌	正确示例 f：跨越架使用前完成验收并悬挂验收合格牌

e　公路跨越架未在来车方向设置提示标志。

f　跨越架未经验收合格即投入使用。

g　附件安装施工未完毕，跨越架已拆除。

二　标准规范要求

1　《国家电网有限公司电力建设安全工作规程　第 2 部分：线路》（Q/GDW 11957.2—2020）第 12.1.1.1 条规定"跨越架的搭设应有搭设方案或施工作业指导书，并经审批后办理相关手续。跨越架搭设前应进行安全技术交底。"

2　《国家电网有限公司电力建设安全工作规程　第 2 部分：线路》（Q/GDW 11957.2—2020）第 12.1.1.6 条规定"跨越架的中心应在线路中心线上，宽度应考虑施工期间牵引绳或导地线风偏后超出新建线路两边各 2.0m，且架顶两侧应设外伸羊角。"

3 《架空输电线路无跨越架不停电跨越架线施工工艺导则》（DL/T 5301—2013）第 5.2.4 条规定"承载索两端通过配套的连接器、卸扣、调节装置与锚固点相连接，承载索锚地夹角不宜大于 45°。"

4 《国家电网有限公司电力建设安全工作规程　第 2 部分：线路》（Q/GDW 11957.2—2020）第 12.1.4.11 条规定"跨越架两端及每隔 6～7 根立杆应设置剪刀撑、支杆或拉线。拉线的挂点或支杆或剪刀撑的绑扎点应设在立杆与横杆的交接处，且与地面的夹角不得大于 60°。支杆埋入地下的深度不得小于 0.3m。"

5 《国家电网有限公司电力建设安全工作规程　第 2 部分：线路》（Q/GDW 11957.2—2020）第 8.3.2.5 条规定"钢丝绳端部用绳卡固定连接时，绳卡压板应在钢丝绳主要受力的一边，并不得正反交叉设置。绳卡间距不应小于钢丝绳直径的 6 倍，连接端绳卡的数量应符合规定。"

6 《钢丝绳安全使用和维护》（GB/T 29086—2012）第 5.2.4.5 条规定"钢丝绳夹间的距离等于 6～7 倍钢丝绳直径。"

7 《国家电网有限公司电力建设安全工作规程　第 2 部分：线路》（Q/GDW 11957.2—2020）第 12.1.1.13 条规定"跨越公路的跨越架，应在公路来车方向距跨越架适当距离设置提示标志。"

8 《国家电网有限公司电力建设安全工作规程　第 2 部分：线路》（Q/GDW 11957.2—2020）第 12.1.1.11 条规定"跨越架应经现场监理及使用单位验收合格后方可使用。"

9 《国家电网有限公司电力建设安全工作规程　第 2 部分：线路》（Q/GDW 11957.2—2020）第 12.1.5.1 条规定"附件安装完毕后，方可拆除跨越架。"

三　防治措施

1 跨越架搭设前进行详细的现场勘查，根据现场工况进行计算确定搭设位置及跨越架结构，制定搭设和拆除方案，方案应按规定完成审批流程，并确保现场严格执行审批后的施工方案。

2 跨越架搭设过程中要定期进行检查，发现偏差及时调整。

3 跨越架搭设完成后，须经施工、监理项目部验收合格并挂牌后方可投入使用。

4 施工项目部要加强跨越架使用过程中的检查，特别是雨雪、大风等恶劣天气情况下的检查维护。

5 施工项目部应对跨越架进行全过程管控，在放线段附件安装完毕并经施工项目部审批后方可按计划拆除跨越架。

典型问题 88 格构式跨越架设置不符合要求

一 问题描述

a 投入使用的格构式跨越架未经载荷试验，无试验报告及产品合格证。

b 格构式跨越架立柱未设置独立的拉线系统，或拉线设置不全。

c 格构式跨越架未安装接地装置。

表 4-1-2 　　　　格构式跨越架设置不规范问题及正确示例

| 问题示例 a：格构式跨越架未经载荷试验，无试验报告及产品合格证 | 正确示例 a：格构式跨越架搭设完毕后应进行荷载试验 |

| 问题示例 b：格构式跨越架立柱未设置拉线 | 正确示例 b：格构式跨越架立柱按要求设置拉线 |

续表

| 问题示例 c：格构式跨越架未安装接地装置 | 正确示例 c：格构式跨越架按要求规范接地 |

二　标准规范要求

1　《国家电网有限公司电力建设安全工作规程　第 2 部分：线路》（Q/GDW 11957.2—2020）第 12.1.2.1 条规定"新型金属格构式跨越架架体应经载荷试验，具有试验报告及产品合格证后方可使用。"

2　《国家电网有限公司电力建设安全工作规程　第 2 部分：线路》（Q/GDW 11957.2—2020）第 12.1.2.3 条规定"跨越架的拉线位置应根据现场地形情况和架体组立高度确定。跨越架的各个立柱应有独立的拉线系统，立柱的长细比一般不应大于 120。"

3　《国家电网有限公司电力建设安全工作规程　第 2 部分：线路》（Q/GDW 11957.2—2020）第 12.1.2.5 条规定"各类型金属跨越架架体应有良好的接地装置。"

三　防治措施

1　采用格构式跨越架的架线区段，施工单位应组织编制专项施工方案，要对跨越架结构受力情况进行计算及核验，确保满足要求后方可采用。

2　格构式跨越架搭设完毕后施工项目部应按要求对架体进行荷载试验并应报监理项目部进行见证检查。

3　格构式跨越架投入使用前，施工、监理项目部应重点检查验收架体结构的稳固性、拉线设置、接地设置等与施工方案的一致性，验收合格方可投入使用。

4　施工项目部要加强跨越架使用过程中的检查，特别是雨雪、大风等恶劣天气情况下的检查维护。

5　施工项目部应对跨越架进行全过程管控，在放线段附件安装完毕并经施工项目部审批后方可按计划拆除跨越架。

竹木质跨越架设置不规范

一 问题描述

a 跨越架所用竹木规格不符合要求。

b 立杆、大横杆未错开搭接，或搭接长度小于 1.5m。

c 竹跨越架的立杆、大横杆绑扎时小头未压在大头上，绑扣少于 3 道。

d 竹木跨越架立杆未埋地、未设置扫地杆。

e 跨越架的立杆、横杆间距大于规范要求值。

表 4-1-3　　　　竹木质跨越架设置不规范问题及正确示例

| 问题示例 a：毛竹跨越架毛竹小头直径不足 75mm | 正确示例 a：毛竹直径不足时采用双杆合并方式加固使用 |

| 问题示例 b：跨越架横杆搭接处绑扎不足三道，搭接长度不足 | 正确示例 b：跨越架横杆搭接处绑扎三道，搭接长度不小于 1.5m |

续表

| 问题示例c：跨越架横杆搭接时大头压小头 | 正确示例c：跨越架横杆搭接时应小头压大头 |

| 问题示例d1：跨越架立杆、斜撑杆未埋地或埋深不足 | 正确示例d1：跨越架立杆埋深符合要求 |

| 问题示例d2：跨越架架体未设置扫地杆 | 正确示例d2：跨越架架体底部规范设置扫地杆 |

续表

| 问题示例 e：毛竹跨越架横杆间距超过 1.2m | 正确示例 e：毛竹跨越架横杆间距控制在 1.2m 以内 |

二　标准规范要求

1 《国家电网有限公司电力建设安全工作规程　第 2 部分：线路》（Q/GDW 11957.2—2020）第 12.1.4.1 条规定"木质跨越架所使用的立杆有效部分的小头直径不得小于 70mm，60mm～70mm 的可双杆合并或单杆加密使用。横杆有效部分的小头直径不得小于 80mm。"

2 《国家电网有限公司电力建设安全工作规程　第 2 部分：线路》（Q/GDW 11957.2—2020）第 12.1.4.3 条规定"毛竹跨越架的立杆、大横杆、剪刀撑和支杆有效部分的小头直径不得小于 75mm，50mm～75mm 的可双杆合并或单杆加密使用。小横杆有效部分的小头直径不得小于 50mm。"

3 《国家电网有限公司电力建设安全工作规程　第 2 部分：线路》（Q/GDW 11957.2—2020）第 12.1.4.5 条规定"木、竹跨越架的立杆、大横杆应错开搭接，搭接长度不得小于 1.5m，绑扎时小头应压在大头上，绑扣不得少于 3 道。立杆、大横杆、小横杆相交时，应先绑 2 根，再绑第 3 根，不得一扣绑 3 根。"

4 《国家电网有限公司电力建设安全工作规程　第 2 部分：线路》（Q/GDW 11957.2—2020）第 12.1.4.6 条规定"木、竹跨越架立杆均应垂直埋入坑内，杆坑底部应夯实，埋深不得少于 0.5m，且大头朝下，回填土应夯实。遇松土或地面无法挖坑时应绑扫地杆。跨越架的横杆应与立杆成直角搭设。"

5 《国家电网有限公司电力建设安全工作规程　第 2 部分：线路》（Q/GDW 11957.2—2020）第 12.1.4.12 条规定"各种材质跨越架的立杆、大横杆及小横杆的间距不得大于规定。"

表 4-1-4 立杆、大横杆及小横杆的间距

跨越架类别	立杆 m	大横杆 m	小横杆 m	
			水平	垂直
钢管	2.0		4.0	2.4
木	1.5	1.2	3.0	2.4
竹	1.2		2.4	2.4

三 防治措施

1 采用竹木搭设跨越架的标段，施工单位要严格按要求采购合格的竹木，监理项目部应组织严把材料入场关，竹木材质、规格不合格的严禁入场使用。

2 竹木跨越架多用于一般跨越处，施工项目部要加强跨越架施工方案的技术交底，使跨越架施工班组清楚竹木跨越架的搭设要求。

3 跨越架搭设过程中施工、监理项目部要加强检查，发现偏差及时调整。

4 跨越架搭设完成后，须经施工项目、监理项目部验收合格并挂牌后方可投入使用。

典型问题 90 钢管跨越架未规范设置

一 问题描述

a 跨越架所用钢管、扣件有缺陷，存在弯曲、变形等现象。

b 立杆、大横杆未错开搭接，或搭接长度小于 0.5m。

c 钢管立杆底部未设置金属底座或垫木，未设置扫地杆。

d 钢管跨越架横杆、立杆扣件距离端部距离小于 100mm。

e 跨越架的立杆、横杆间距不满足规范要求。

二 标准规范要求

1 《国家电网有限公司电力建设安全工作规程 第 2 部分：线路》（Q/GDW 11957.2—2020）第 12.1.4.8 条规定"钢管跨越架所使用的钢管，如有弯曲严重、磕瘪变形、表面有严重腐蚀、裂纹或脱焊等情况的不得使用。"

2 《国家电网有限公司电力建设安全工作规程 第 2 部分：线路》（Q/GDW 11957.2—2020）第 12.1.4.7 条规定"钢管跨越架宜用外径48mm～51mm的钢管，立杆和大横杆应错开搭接，搭接长度不得小于 0.5m。"

表4-1-5　　　　钢管跨越架设置不规范问题及正确示例

问题示例a：跨越架钢管外观存在明显缺陷	正确示例a：跨越架钢管外观符合要求

问题示例b：跨越架大横杆采用对接方式	正确示例b：跨越架大横杆按要求错开搭接

问题示例c：跨越架底部未设置金属底座或垫木	正确示例c：跨越架底部按要求设置金属底座

续表

问题示例 d：跨越架横杆扣件距离端部距离小于100mm

正确示例 d：跨越架横杆扣件距离端部距离统一且大于100mm

问题示例 e：跨越架的立杆间距大于2m

正确示例 e：跨越架的立杆间距不大于2m

3 《国家电网有限公司电力建设安全工作规程 第 2 部分：线路》（Q/GDW 11957.2—2020）第 12.1.4.9 条规定"钢管立杆底部应设置金属底座或垫木，并设置扫地杆。"

4 《国家电网有限公司电力建设安全工作规程 第 2 部分：线路》（Q/GDW 11957.2—2020）第 12.1.4.10 条规定"钢管跨越架横杆、立杆扣件距离端部不得小于 100mm。"

5 《国家电网有限公司电力建设安全工作规程 第 2 部分：线路》（Q/GDW 11957.2—2020）第 12.1.4.12 条规定"各种材质跨越架的立杆、大横杆及小横杆的间距不得大于规定。"

三 防治措施

1 施工单位严格按照要求采购或租赁合格的钢管及扣件，监理项目部严把材料入场关，钢管、扣件规格及外观检查不合格的严禁入场使用。

2 加强跨越架施工方案的技术交底，确保跨越架施工班组清楚钢管跨越架搭设的具体要求。

3 跨越架搭设过程中加强巡视、检查，发现偏差及时整改。

4 跨越架搭设完成后，须经施工、监理项目部验收合格并挂牌后方可投入使用。

典型问题 91　悬索跨越架设置不规范

一　问题描述

a　悬索跨越架临时横梁材质不符合要求，未采用钢结构抱杆。

b　悬索跨越架临时横梁断面尺寸不符合要求。

c　临时横梁拉线设置不全，未设置跨越档内侧拉线。

d　承力索未设置弧垂调节装置和张力测量装置。

表 4-1-6　　　悬索跨越架设置不规范问题及正确示例

问题示例 a：临时横梁为铝合金材质，不符合要求

正确示例 a：临时横梁采用钢结构材质抱杆

问题示例 b：临时横梁断面尺寸小于 500mm×500mm

正确示例 b：临时横梁断面尺寸大于 500mm×500mm

续表

| 问题示例 c：临时横梁未设置（跨越档内侧）前拉线 | 正确示例 c：临时横梁按要求设置前后拉线 |

| 问题示例 d：承力索未设置弧垂调节装置和张力测量装置 | 正确示例 d：在承力索上设置弧垂调节装置和张力测量装置 |

二　标准规范要求

1　《架空输电线路无跨越架不停电跨越架线施工工艺导则》（DL/T 5301—2013）第 5.1.4 条规定"临时模梁宜采用钢结构。"

2　《架空输电线路无跨越架不停电跨越架线施工工艺导则》（DL/T 5301—2013）第 5.13 条规定"临时横梁断面尺寸不应小于（500mm×500mm。"

3　《架空输电线路无跨越架不停电跨越架线施工工艺导则》（DL/T 5301—2013）第 5.1.6 条规定"临时横梁的顺线路方向宜布置前后侧拉线。"

4　《架空输电线路无跨越架不停电跨越架线施工工艺导则》（DL/T 5301—2013）第 8.2.2 条规定"当循环绳与承载索的接头接近跨越挡端铁塔的临时横梁时，先将循环绳与承载索连接的连接器打开，再将承载索的悬空一端穿过承载索滑轮后与地面的承载索非绝缘段相连接。承载索非绝缘段通过悬挂在临时横梁上的承载索滑轮，与调节工具连接后锚固于地锚，通过调节工具收紧达到预定的安装弧垂。承载索另一端固定于锚固点。"

5 《跨越电力线路架线施工规程》（DL/T 5106—2017）第 5.2.4 条规定"悬索式跨越设施的承载索一端应串接张力测力仪，另一端宜设置张力调节装置。"

6 《跨越电力线路架线施工规程》（DL/T 5106—2017）第 3.3.5 条规定"导线展放前或雨雪天气后，应对主承力索（封顶网）的弧垂进行检测，必要时应对其进行调整。"

三 防治措施

1 施工项目部组织认真开展现场勘查后编制专项施工方案，施工方案应明确临时横梁的设置位置、跨越工器具选型计算、施工流程方法等关键内容。

2 施工项目部及时收集整理跨越用工器具检验合格证明文件报监理项目部进行审查，监理项目部加强对工器具的进场检查，确保进场工器具与施工方案及报审情况一致。

3 施工项目部加强跨越架施工方案的技术交底，确保跨越架施工班组清楚悬索跨越架搭设的具体要求。

4 跨越架搭设过程中加强巡视、检查，发现偏差及时调整。

5 跨越架搭设完成后，须经施工、监理项目部验收合格并挂牌后方可投入使用。

典型问题 92　封网（网面）装置不符合要求

一 问题描述

a 现场封网用的绳索存在严重磨损、断股、污秽及受潮等现象。

b 封网绳之间或封网绳与绝缘撑杆之间间距大于 2 米。

c 封顶网宽度不足，不能对风偏形成有效保护。

d 封顶网长度不足，不能对被跨越物形成有效保护。

二 标准规范要求

1 《国家电网有限公司电力建设安全工作规程　第 2 部分：线路》（Q/GDW 11957.2—2020）第 12.1.3.3 条规定"绝缘绳、网使用前应进行外观检查，绳、网有严重磨损、断股、污秽及受潮时不得使用。"

表 4-1-7 　　封网（网面）装置不符合要求问题及正确示例

问题示例 a：封网用绝缘绳破损严重	正确示例 a：进场封网绳外观检查完好

问题示例 b：封网绳之间、封网绳与撑杆之间的间距超过 2m	正确示例 b：封网绳之间、封网绳与撑杆之间的间距定长等间距 2m

问题示例 c：封网宽度不满足风偏计算要求	正确示例 c：绝缘网宽度满足风偏导线风偏后的保护范围

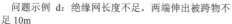

问题示例 d：绝缘网长度不足，两端伸出被跨物不足 10m	正确示例 d：绝缘网长度方向上两端伸出被跨物超出 10m

2 《架空输电线路无跨越架不停电跨越架线施工工艺导则》（DL/T 5301—2013）第 9.1.2 条规定"当使用绝缘绳式封网时，则封网绳、绝缘撑杆两端均分使用承网、承杆滑轮，并挂于承载索上，封网绳之间、封网绳与绝缘撑杆之间的间距应为 2m。"

3 《国家电网有限公司电力建设安全工作规程 第 2 部分：线路》（Q/GDW 11957.2—2020）第 12.1.3.5 条规定"绝缘网宽度应满足导线风偏后的保护范围。"

4 《国家电网有限公司电力建设安全工作规程 第 2 部分：线路》（Q/GDW 11957.2—2020）第 12.1.3.6 条规定"绝缘网伸出被保护的电力线外长度不得小于 10m。"

三 防治措施

1 施工准备阶段，严格检查现场用工器具，核查跨越用绳索、工器具检验合格证明文件，确保工器具完好且满足规范与施工方案要求。

2 严格审查跨越施工方案，审查封网措施的规范性和可行性，满足规范要求和现场需求。

3 加强封网施工管控，严格按审批通过的施工方案实施，确保封网成品质量满足要求。

4 严格开展跨越架验收工作，重点对封网装置的尺寸、与被跨物的间距等进行检查，合格后方可使用。

4.2　牵张场布置及导线展放典型问题及防治措施

典型问题 93　牵张场布置不规范

一　问题描述

a　牵引机、张力机进出线与邻塔悬点的高差角大于 15°或水平角大于 7°。

b　牵引机、张力机、绳索卷绕装置、导线轴架等锚固不可靠。

c　张力机导向轮进线口与导线轴架距离不足 10 米。

d　牵引设备及张力设备未接地或接地不良。

e　张力场放置的线盘滚动方向前后无掩牢措施。

f　牵张机操作人员站位处未设置绝缘垫。

二　标准规范要求

1　《架空输电线路张力架线施工工艺导则　第 1 部分：放线》（Q/GDW 10154.1—2021）第 6.1.4 条规定"牵引机、张力机进出口与邻塔悬点的高差角不宜超过 15°，水平角不宜超过 7°。"

表 4-2-1　　　牵张场布置不规范问题及正确示例

| 问题示例 a：张力机出口与邻塔悬点的高差角、水平角过大 | 正确示例 a：张力机出口与邻塔悬点的高差角、水平角满足要求 |

问题示例 b1：牵引机、张力机、绳索卷绕装置、导线轴架等锚固不可靠	正确示例 b1：牵引机、张力机、绳索卷绕装置、导线轴架等锚固可靠

问题示例 b2：牵张机未有效接地	正确示例 b2：牵张机规范设置接地线

问题示例 c：张力机导向轮进线口与导线轴架距离不足 10 米	正确示例 c：张力机导向轮进线口与导线轴架距离满足要求

续表

| 问题示例 d：张力场线盘未设置掩牢措施 | 正确示例 d：张力场线盘使用方木掩牢 |

| 问题示例 e：牵张机操作人员站位处无绝缘垫 | 正确示例 e：牵张机操作人员站位处铺设绝缘垫 |

2 《国家电网有限公司电力建设安全工作规程 第 2 部分：线路》（Q/GDW 11957.2—2020）第 8.2.15.3 条规定"牵引机、张力机进出口与邻塔悬挂点的高差角及与线路中心线的夹角应满足其机械的技术要求。"

3 《国家电网有限公司电力建设安全工作规程 第 2 部分：线路》（Q/GDW 11957.2—2020）第 12.3.7 条规定"牵引设备及张力设备的锚固应可靠，接地应良好。"

4 《国家电网有限公司电力建设安全工作规程 第 2 部分：线路》（Q/GDW 11957.2—2020）第 6.2.2 条规定"线盘放置的地面应平整、坚实，滚动方向前后均应掩牢。"

5 《架空输电线路张力架线施工工艺导则 第 1 部分：放线》（Q/GDW 10154.1—2021）第 6.1.4 条规定"绳索卷绕装置与牵引机的距离和房屋、导线轴架与张力机的距离和方位应符合机械说明书要求，且必须使尾绳、尾线不磨线轴或牵引绳卷筒，张力机导向轮进线口与导线轴架间距离不宜小于 10m。"

6 《国家电网有限公司电力建设安全工作规程 第 2 部分：线路》（Q/GDW 11957.2—2020）第 12.10.3 条规定"牵引设备和张力设备应可靠接地。操作人员应站在干燥的绝缘垫上且不得与未站在绝缘垫上的人员接触。"

三　防治措施

1　加强施工方案及单基策划管理，合理布置牵张场地。核算牵张机布置与受力情况，确保牵引机、张力机进出口与邻塔悬挂点的高差角及与线路中心线的夹角满足其机械技术要求，牵引机、张力机进出口与邻塔悬点的高差角不宜超过 15°，水平角不宜超过 7°。

2　张力机、牵引机使用前，工作负责人和安全监护人重点检查牵张设备布置、锚固及接地情况以及设备试运行情况。

3　严格执行单基放行制度。监理项目部组织开展架线前牵张场检查，现场布置满足规范和施工方案要求后，签署单基放行单。

4　加强作业层班组进场前教育培训和技术方案交底，施工项目部管理人员和班组负责人开展现场作业情况督导。

5　牵张机工作时，安全监护重点检查操作人员的站位情况，确保其站在干燥绝缘垫上并不得与未在绝缘垫上的人员发生肢体接触。

典型问题 94　牵引装置使用不满足规范要求

一　问题描述

a　截面积 900mm² 及以上导线或重要跨越施工时导线牵引未采用牵引管或使用装配式牵引管。

b　牵引管压接试验的拉断力小于导线额定拉断力的 60%。

c　网套连接器末端用铁丝绑扎少于 20 圈。

d　导线、地线穿入网套不到位，网套夹持导线、地线的长度少于导线、地线直径的 30 倍。

e　导线穿入网套时端头未做坡面梯节处理。

f　引绳与导线、地线（光缆）连接未使用专用连接网套或专用牵引头。

二　标准规范要求

1　《架空输电线路张力架线施工工艺导则　第 1 部分：放线》（Q/GDW 10154.2—2021）第 6.4.3 条规定"900mm² 及以上导线端头和牵引板连接处，宜采用牵引管或装配式牵引器，高差较大山区及大跨越施工时应采用牵引管或装配式牵引器。"

表 4-2-2　　导地线（光缆）牵引装置使用不满足要求问题及正确示例

问题示例 a：重要跨越施工时导线牵引未采用牵引管	正确示例 a：重要跨越施工时导线牵引未采用牵引管

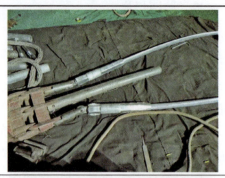

问题示例 c：网套连接器末端绑扎圈数不足 20 圈　　正确示例 c：网套连接器末端绑扎圈数应不少于 20 圈

问题示例 d：网套连接器夹持导线长度不足　　正确示例 d：网套连接器夹持导线长度应不少于导线直径的 30 倍

问题示例 e：导线端头未做坡面梯节处理。　　正确示例 e：导线穿入网套端头处理符合要求

续表

| 问题示例 f：光缆未使用专用牵引网套 | 正确示例 f：光缆使用专用牵引网套 |

2 《国网特高压部关于印发特高压工程安全管理提升重点措施的通知》（特综合〔2020〕2 号）第 18 条规定"重要跨越施工时导线牵引应采用牵引管。"

3 《国网特高压部关于在特高压线路工程架线施工中暂停使用装配式牵引管的通知》（2022 年 10 月 22 日印发）规定"在建及后续特高压线路工程架线施工暂停使用装配式牵引管。"

4 《架空输电线路施工机具基本技术要求》（DL/T 875—2016）第 11.8.4 条规定"引管应满足：c）牵引管压接后的拉断力应小于 60%导线额定拉断力。"

5 《国家电网有限公司电力建设安全工作规程 第 2 部分：线路》（Q/GDW 11957.2—2020）第 8.3.8.2 条规定"导线、地线穿入网套应到位。网套夹持导线、地线的长度不得少于导线、地线直径的 30 倍。"

6 《国家电网有限公司电力建设安全工作规程 第 2 部分：线路》（Q/GDW 11957.2—2020）第 8.3.8.3 条规定"网套末端应用铁丝绑扎，绑扎不得少于 20 圈。"

7 《国家电网有限公司电力建设安全工作规程 第 2 部分：线路》（Q/GDW 11957.2—2020）第 8.3.8.5 条规定"较大截面的导线穿入网套前，其端头应做坡面梯节处理；施工过程中需要导线对接时宜使用双头网套。"

8 《国家电网有限公司电力建设安全工作规程 第 2 部分：线路》（Q/GDW 11957.2—2020）第 12.2.11 条规定"导引绳或牵引绳的连接应用专用连接工具。牵引绳与导线、地线（光缆）连接应使用专用连接网套或专用牵引头。"

三 防治措施

1 加强作业人员安全教育培训和技术交底，严格执行审批后的施工方案和安全操作规程。

2 施工项目部及时收集整理牵引头、网套连接器检验合格证明文件报监理项目部审查。监理项目部严格开展检查，确保实物与施工方案及报审情况一致。

3 现场负责人及安全监护人重点检查架线施工方案中各项措施的落实情况，重点包括：牵引绳与导地线（光缆）连接是否使用专用连接网套或专用牵引头；导地线（光缆）连接网套与导地线（光缆）规格的匹配性；导地线（光缆）连接网套是否有断丝情况；采用网套连接时，网套夹持导线、地线的长度不得少于导地线（光缆）的长度是否超过导地线（光缆）直径的30倍，网套末端铁丝绑扎是否超过20圈；较大截面的导线穿入网套时端头时是否做了坡面梯节处理等。

典型问题 95　液压施工管控不到位

一 问题描述

a 压接机机身未可靠接地。

b 高空压接未采用高空压接平台或采用不合格的高空压接平台。

c 液压机升空后未做好悬吊措施，未将起吊绳索作为二道保险。

表4-2-3　　　　液压施工不规范问题及正确示例

| 问题示例 a：液压机机身未有效接地 | 正确示例 a：液压机机体外壳应可靠接地 |

问题示例 b：高空压接平台不符合要求

正确示例 b：高空压接采用合格的高空压接平台

问题示例 c：液压机升空后未做好悬吊措施，未将起吊绳索作为二道保险

正确示例 c：高空压接液压机将起吊绳索作为二道保险

二 标准规范要求

1 《国家电网有限公司电力建设安全工作规程　第 2 部分：线路》（Q/GDW 11957.2—2020）第 8.2.14.1 条规定"液压工器具使用前应检查下列各部件：f）机身应可靠接地。"

2 《国家电网有限公司电力建设安全工作规程　第 2 部分：线路》（Q/GDW 11957.2—2020）第 12.4.3 条规定"压接前应检查起吊液压机的绳索和起吊滑轮完好，位置设置合理，方便操作，宜采用高空压接平台进行作业。"

3 《国家电网有限公司电力建设安全工作规程　第 2 部分：线路》（Q/GDW 11957.2—2020）第 12.4.3 条规定"液压机升空后应做好悬吊措施，起吊绳索作为二道保险。"

三 防治措施

1 加强作业人员安全教育培训和技术交底，针对大截面导线压接应开展实操培训，确保严格按照液压机操作规程和作业指导书进行压接作业。

2 施工项目部应及时收集整理液压机检验合格证明文件报监理项目部进行审查。监理项目部组织对进场液压机进行检查，确保产品规格、型号等与施工方案及报审情况相符。

3 液压机使用前应检查机身是否可靠接地，液压机启动后应先空载运行，检查各部位运行情况，确认正常后方可使用。

4 高空压接时，高空安全监护人应重点关注压接机布置及安全措施落实情况：采用高空压接平台进行作业时，压接机应有固定措施，操作时应放置平稳。压接前检查起吊液压机的绳索和起吊滑轮是否完好，位置设置是否合理、便于操作。

典型问题 96　导地线展放施工不符合要求

一 问题描述

a 牵引绳及导线未安装接地滑车。

b 牵引过程中，牵引机、张力机进出口前方有人通过。

c 导线的尾线在线盘上盘绕圈数少于 6 圈。

d 导地线临锚未分别采用两套独立并同时受力的锚线装置。

表 4-2-4　　导地线展放未按要求作业施工问题及正确示例

| 问题示例 a：导线展放未安装接地滑车 | 正确示例 a：导线展放作业时规范安装接地滑车 |

续表

问题示例 b：牵引过程中，牵引机、张力机进出口前方有人通过	正确示例 b：牵引过程中，牵引机、张力机进出口前方严禁人员通过

问题示例 c：导线尾线在线盘上盘绕圈数不足 6 圈	正确示例 c：导线尾线在线盘上的盘绕圈数不少于 6 圈

问题示例 d：导线临锚未分别采用两套独立并同时受力的锚线装置	正确示例 d：导线临锚采用两套独立并同时受力的锚线装置

二　标准规范要求

1 《国家电网有限公司电力建设安全工作规程　第 2 部分：线路》（Q/GDW

11957.2—2020）第 12.10.3 条规定"牵引机及张力机出线端的牵引绳及导线上应安装接地滑车。"

2 《国家电网有限公司电力建设安全工作规程 第 2 部分：线路》（Q/GDW 11957.2—2020）第 12.3.11 条规定"牵引过程中，牵引机、张力机进出口前方不得有人通过。"

3 《国家电网有限公司电力建设安全工作规程 第 2 部分：线路》（Q/GDW 11957.2—2020）第 12.3.13 规定"导线的尾线或牵引绳的尾绳在线盘或绳盘上的盘绕圈数均不得少于 6 圈。"

4 《国网特高压部关于印发特高压工程安全管理提升重点措施的通知》（特综合〔2020〕2 号）第 18 条规定"导地线展放及紧线后，导地线临锚应分别采用两套独立并同时受力的锚线装置"。

三 防治措施

1 作业负责人充分利用站班会开展导线展放作业交底工作，并随机抽取 3 至 5 名施工人员进行提问，被提问人员回答正确后方可开始作业。

2 导线展放作业过程中，作业负责人、监理人员按照作业流程，逐项确认风险控制措施落实情况。

3 安全监护人加强现场安全监护，重点监护牵张场、转角滑车、压线滑车和方案中明确的重点区域：运行时牵引机、张力机进出口前方不得有人通过，各转向滑车围成的区域内侧禁止有人；牵引绳、导地线使用专用接地滑车进行可靠接地；导线的尾线或牵引绳的尾绳在线盘或绳盘上的盘绕圈数均不得少于 6 圈。

4 导线展放过程中按照风险等级进行安全管控，各级管理人员应严格履行到岗到位要求，确保现场安全措施得到有效落实。

4.3 紧挂线及附件安装典型问题及防治措施

典型问题 97 耐张塔临时拉线设置不标准

一 问题描述

a 耐张塔单侧紧线时，临时拉线规格、数量不满足要求。

b　临时拉线对地夹角大于 45°。

c　临时拉线装设位置不满足要求。

表 4-3-1　　　　　耐张塔临时拉线设置不规范问题及正确示例

| 问题示例 a：耐张塔单侧紧线时，临时拉线规格、数量与方案不符 | 正确示例 a：耐张塔单侧紧线时，临时拉线规格、数量满足要求 |

| 问题示例 b：临时拉线对地夹角大于 45° | 正确示例 b：临时拉线对地夹角不得超过 45° |

二　标准规范要求

1　《国家电网有限公司电力建设安全工作规程　第 2 部分：线路》（Q/GDW 11957.2—2020）第 12.6.3 条规定"紧线杆塔的临时拉线和补强措施以及导线、地线的临锚应准备完毕。"

2　《架空输电线路张力架线施工工艺导则　第 2 部分：紧线》（Q/GDW 10154.2—2021）第 4.8 条规定"耐张塔单侧紧线时，应按设计要求安装临时拉线平衡对侧导线的水平张力。"

3　《架空输电线路张力架线施工工艺导则　第 2 部分：紧线》（Q/GDW

10154.2—2021）第 5.3.3 条规定"每相（极）导线、每组地线应各布置至少一组拉线，下端应装有调节装置，对地夹角不得大于 45°。"

4 《输变电工程建设施工安全风险管理规程》（Q/GDW 12152—2021）导地线展放预控措施第 49 条规定"临时拉线对地夹角不得大于 45°，必须经计算确定拉线型号，地锚位置及埋深；如条件不允许，经计算后采取可靠措施。"

5 《架空输电线路张力架线施工工艺导则　第 2 部分：紧线》（Q/GDW 10154.2—2021）第 5.3.2 条规定"临时拉线应在紧靠导、地线挂线点的主材节点附近装设。"

三　防治措施

1　加强施工方案及单段策划管理。施工项目部根据现场勘查结果编写施工方案，明确耐张塔反向拉线设置方式，现场严格按照审批后的施工方案设置临时拉线。

2　反向拉线投入使用前，安全监护人按照施工方案要求对拉线对地夹角、布置方向、绳卡配置规格、数量及安装方式等进行检查。

3　临时拉线对地夹角不得大于 45°，必须经计算确定拉线型号、地锚位置及埋深；如条件不允许，项目总工需根据计算结果制定可靠措施。

典型问题 98　紧挂线作业管控不到位

一　问题描述

a　紧线用绞磨锚固不可靠。

b　拉磨尾绳人数少于 2 人。

c　高空锚线未采取二道保护措施或二道保护设置不规范。

二　标准规范要求

1 《国家电网有限公司电力建设安全工作规程　第 2 部分：线路》（Q/GDW 11957.2—2020）第 8.2.13.1 条规定"绞磨和卷扬机应放置平稳，锚固应可靠，并应有防滑动措施。"

2 《国家电网有限公司电力建设安全工作规程　第 2 部分：线路》（Q/GDW 11957.2—2020）第 8.2.13.2 条规定"拉磨尾绳不应少于 2 人，且应位于锚桩后面、绳圈外侧，不得站在绳圈内；当磨绳上的油脂较多时应及时清除。"

表 4-3-2　　　　　　　紧挂线作业不规范问题及正确示例

问题示例 a：紧线用绞磨未可靠固定

正确示例 a：紧线用绞磨固定可靠

问题示例 b：绞磨拉尾绳人数仅 1 人

正确示例 b：绞磨设置两人拉尾绳

问题示例 c：高空锚线未设置二道保护

正确示例 c：高空锚线加设二道保险

3 《国家电网有限公司电力建设安全工作规程　第 2 部分：线路》（Q/GDW 11957.2—2020）第 12.8.5 条规定"高空锚线应有二道保护措施。"

三　防治措施

1 作业负责人充分利用站班会开展紧挂线作业安全交底，并随机抽取 3 至

5 名施工人员提问，被提问人员回答正确后方可开始作业。

　　2　作业过程中，作业负责人、监理人员按照作业流程，逐项确认风险控制专项措施落实。

　　3　作业前，作业负责人对紧挂线施工机具和工器具进行全面检查，确认全部完好合格，通过有关试验检测。

　　4　安全监护人加强现场安全监护，重点监护：紧线绞磨放置平稳情况，可靠锚固及防滑动措施落实情况；拉磨尾绳人员及站位，确保拉磨尾绳人员不少于 2 人，且位于锚桩后面、绳圈外侧，不得站在绳圈内。

　　5　紧挂线作业过程中按照风险等级进行安全管控，各级管理人员应严格履行到岗到位要求，确保现场安全措施得到有效落实。

典型问题 99　附件安装作业不规范

一　问题描述

　　a　附件安装时，安全绳或速差自控器未拴在横担主材上。

　　b　安装间隔棒时，高空作业人员后备保护绳未拴在整相导线上。

　　c　提线工器具未挂在横担的施工孔上提升导线。

　　d　同时在相邻杆塔同相（极）位安装附件。

表 4-3-3　　　　　附件安装作业不规范问题及正确示例

| 问题示例 a：附件安装时，安全绳或速差自控器未拴在横担主材上 | 正确示例 a：附件安装时，安全绳或速差自控器栓在横担主材上 |

续表

| 问题示例 b：高空作业人员后备保护绳未拴在整相导线上 | 正确示例 b：高空人员后备保护绳拴在整相导线上 |

| 问题示例 c：提线工器具未挂在横担的施工孔上 | 正确示例 c：提线工器具挂在横担的施工孔上 |

二 标准规范要求

1 《国家电网有限公司电力建设安全工作规程 第 2 部分：线路》（Q/GDW 11957.2—2020）第 12.7.4 条规定"附件安装时，安全绳或速差自控器应拴在横担主材上。安装间隔棒时，安全带应挂在一根子导线上，后备保护绳应拴在整相导线上。"

2 《国家电网有限公司电力建设安全工作规程 第 2 部分：线路》（Q/GDW 11957.2—2020）第 12.7.3 条规定"提线工器具应挂在横担的施工孔上提升导线；无施工孔时，承力点位置应满足受力计算要求，并在绑扎处衬垫软物。"

3 《国家电网有限公司电力建设安全工作规程 第 2 部分：线路》（Q/GDW 11957.2—2020）第 12.7.2 条规定"相邻杆塔不得同时在同相（极）位安装附件，作业点垂直下方不得有人。"

三 防治措施

1 作业负责人充分利用站班会开展附件安装安全交底，并随机抽取 3 至 5 名施工人员提问，被提问人员回答正确后方可开始作业。

2 作业过程中，作业负责人、监理人员按照作业流程，逐项确认风险控制专项措施落实。

3 安全监护人加强作业过程安全监护，重点监护人员站位、安全绳或速差自控器连接位置等情况：相邻杆塔不同时在同相（极）位安装附件，作业点垂直下方不得有人；提线工器具挂在横担的施工孔上提升导线；附件安装时，作业人员安全绳或速差自控器应拴在横担主材上；安装间隔棒时，作业人员安全带挂在一根子导线上，后备保护绳拴在整相导线上。

4 附件安装作业过程中按照风险等级进行安全管控，各级管理人员应严格履行到岗到位要求，确保现场安全措施得到有效落实。

典型问题 100 临近带电体作业接地设置不符合要求

一 问题描述

a 耐张塔挂线前，未用导体将耐张绝缘子串短接。

b 带电跨越档两端未装设接地线，放线滑车未接地。

c 临近带电体作业未正确使用个人保安线。

表 4-3-4 临近带电体作业接地设置不符合要求问题及正确示例

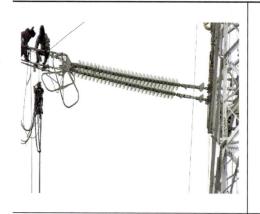	
问题示例 a：耐张塔挂线绝缘子串未短接	正确示例 a：耐张塔挂线绝缘子串短接

问题示例 b：带电跨越档两端放线滑车未接地

正确示例 b：带电跨越档两端使用接地滑车

问题示例 c：附件安装作业人员未正确使用个人保安线

正确示例 c：附件安装作业正确使用个人保安线

二 标准规范要求

1 《国家电网有限公司电力建设安全工作规程 第 2 部分：线路》（Q/GDW 11957.2—2020）第 12.10.4 条规定"耐张塔挂线前，应用导体将耐张绝缘子串短接。"

2 《国家电网有限公司电力建设安全工作规程 第 2 部分：线路》（Q/GDW 11957.2—2020）第 13.1.11 条规定"跨越档相邻两侧杆塔上的放线滑车、牵张设备、机动绞磨等均应采取接地保护措施。跨越施工前，接地装置应安装完毕且与杆塔可靠连接。"

3 《国家电网有限公司电力建设安全工作规程 第 2 部分：线路》（Q/GDW 11957.2—2020）第 12.10.5 条规定"附件安装作业区间两端应装设接地线。施工的线路上有高压感应电时，应在作业点两侧加装工作接地线。"

4 《国家电网有限公司电力建设安全工作规程 第 2 部分：线路》（Q/GDW 11957.2—2020）第 12.10.5 条规定"作业人员应在装设个人保安线后，方可进行附件安装。"

三　防治措施

1　加强施工方案及单段策划管理。施工项目部根据现场勘查结果编写施工方案，明确带电跨越、临近带电体作业接地措施，现场严格按照审批后的施工方案设置接地。

2　紧线前，安全监护人应检查放线滑车临时接地、耐张串短接等工作完成情况。

3　安全监护人加强对作业过程的安全监护，重点监护接地线及个人保安线情况：附件安装前，安全监护人应检查作业区间两端接地线设置；施工的线路上有高压感应电时，应在作业点两侧加装工作接地线；作业人员应在装设个人保安线后，方可进行附件安装。

4　临近带电体作业过程中按照风险等级进行安全管控，各级管理人员严格履行到岗到位要求，确保现场安全措施得到有效落实。